全国高等教育环境设计专业示范教材

城乡规划设计基础

黄勇 胡羽 杨光 / 编著

BAISCS OF URBAN AND RURAL PLANNING

重庆大学出版社

图书在版编目（CIP）数据
城乡规划设计基础 / 黄勇，胡羽，杨光编著.—重庆：重庆大学出版社，2015.1
（全国高等教育环境设计专业示范教材）
ISBN 978-7-5624-8490-5

Ⅰ.①城 Ⅱ.①黄… ②胡… ③杨… Ⅲ.①城乡规划—设计—高等学校—教材 Ⅳ.①TU984

中国版本图书馆CIP数据核字（2014）第177937号

全国高等教育环境设计专业示范教材
城乡规划设计基础 黄勇 胡羽 杨光 编著
CHENGXIANG GUIHUA SHEJI JICHU
策划编辑：周 晓
责任编辑：杨 敬 侯倩雯 版式设计：汪 泳
责任校对：秦巴达 责任印制：赵 晟

重庆大学出版社出版发行
出版人：邓晓益
社 址：重庆市沙坪坝区大学城西路21号
邮 编：401331
电 话：(023) 88617190 88617185（中小学）
传 真：(023) 88617186 88617166
网 址：http://www.cqup.com.cn
邮 箱：fxk@cqup.com.cn（营销中心）
全国新华书店经销
重庆市金雅迪彩色印刷有限公司印刷

开本：787×1092 1/16 印张：5.5 字数：166千
2015年1月第1版 2015年1月第1次印刷
印数：1—5 000
ISBN 978-7-5624-8490-5 定价：32.00元

前 言

PREFACE

随着国家新型城镇化战略的推进，城乡建设事业持续繁荣。推广和普及城市规划与设计的基础知识具有重要的现实意义。城市规划是一门综合性较强的学科，涉及政治、经济、社会、技术、艺术等多方面内容，对城市建设和发展具有引领作用。我国城市建设和发展面临的问题较为复杂，城市规划的学科发展起步较晚，城市规划理论、技术和建设经验积累还比较薄弱。编写此书，有助于提高城乡建设相关人员的城市规划意识，加深对城市规划的理解，更好地服务于我国城市规划与建设工作。

本书依据《中华人民共和国城乡规划法》《城市规划编制办法》以及相关城市规划法规、条例和技术规范等，参考了《城市规划原理》《中国城市建设史》等专业书籍，并结合我国城市建设的实际情况与需求，综合地阐述各层次城市规划内容、方法和模式。本书系统阐述了城市规划的理论发展背景及过程、学科构成、相关规划以及城市规划的实施及管理。其中，相关规划从城乡空间规划到城乡专项规划，分别介绍了城乡区域规划、城市总体规划、控制性详细规划和城乡住区规划、城市设计、城市交通与道路系统规划、城市生态与环境规划、城市工程系统规划，并着重讲解了各规划的内容、步骤、指标、模式等。

本书适用于高等学校学生教材，也可以作为城市规划相关专业设计人员和管理人员的参考书。

本书在编写过程中，得到了重庆大学建筑城规学院、重庆大学山地城镇建设与新技术教育部重点实验室等相关单位的大力支持。研究生刘杰、赵笑阳参与了部分配图和文字的整理工作。重庆大学出版社周晓编辑对本书的策划、出版等技术工作作了精心的安排，在此一并致谢。

由于编写人员水平有限，时间仓促，本书中难免还有不少问题和不足之处，请读者指正。

编 者

2014年5月

目　录

CONTENTS

1 城市的发展背景与城市规划

1.1 城市与城市化

1.1.1 城市的产生与发展

城市是人类社会发展到一定阶段的产物，是人类进入文明时代的标志。

（1）城市的产生

早期城市的形成是一个极其漫长的过程，从最初人类建造简单的居民点，再到具有复杂形态和结构的城市出现，整个过程与人类劳动分工有着密切的联系。

1）固定居民点的形成

早期，人类通过采集获取食物，当学会了使用火和工具后，人类通过狩猎和捕获大型动物来拓展食物来源。由于食物来源不稳定，当时人类过着流动的生活,为了躲避自然的侵害,他们居住在山洞、地穴或者树上。进入中石器时代后，人类渐渐形成了稳定的劳动集体，他们在采集食物的过程中，有意识地选取一些可食用的植物加以集中种植，农业渐渐出现；在狩猎的过程中，对那些温顺的动物加以驯化、牧养，随之出现了畜牧业。随着人类社会耕种技术的进步，原始社会出现了农业生产与畜牧业生产的分离，即第一次劳动大分工。那些以畜牧养殖为主的部落渐渐形成游牧部落；而以农业生产为主的部落逐渐放弃了迁徙的生活，定居下来形成了早期的人类居民点（图1-1）。

这些居民点规模不大，大多选址在河流岸边的台地上，一方面可以便于居民取水，另一方面又可以避免水患灾害。这些居民点外围大多是开垦的农田，并设置有围墙、壕沟和栅栏等设施来抵御野兽和其他部落侵害（图1-2）。此时，居民点内部已有简易的功能分区（图1-3）。

图1-2 新石器时代居民点

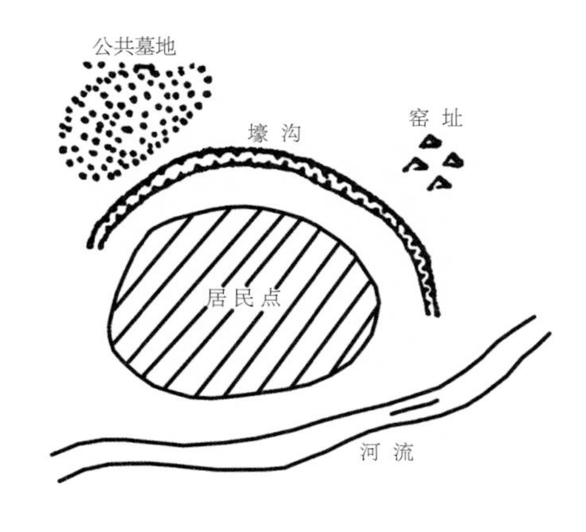

图1-1 半坡村原始村落示意图

图1-3 陕西临潼姜寨母系氏族部落聚落布局

第一次劳动大分工使得游牧部落和农耕部落的生产资料种类有了明显的区别，从而使经常的交换成为可能，并有力地推动了商品交换的发展，也为城市的产生提供了物质基础。

2）城市的形成

在原始社会末期，农耕部落的规模不断扩大，生产工具的进步特别是金属工具的使用，极大地丰富了手工业生产，出现了如纺织、榨油、酿酒、金属加工和武器制造等制造门类。手工业逐渐从农业中分离出来，这就是第二次劳动大分工。这次大分工使直接以交换为目的的商品生产开始出现，并使商品交换范围进一步扩大。随着交换量和交换次数的增加，逐渐出现了专门从事交易的商人，交换的场所也由临时的市改为固定的市。一些居民点的社会结构逐渐复杂起来，人们不单单只是从事农业生产，而是不同职业的人居住在一起，形成一个稳定的聚居体，这就是早期的城市。这一时期也是人类从原始社会向奴隶社会过渡的时期，所以城市是伴随着私有制和阶级而产生的。这时，人类的政治、宗教、军事文化有了较大的发展，居民点中的宫殿、宗庙建筑和筑城技术逐渐成熟，直接地影响了早期城市形态（图1-4）。

城市与农村的区别主要在于产业结构、人口规模、居住形式的集聚密度不同。世界上大多数国家都存在“村庄—镇—城市”这样的居民点序列。村庄是乡村型居民点，居民主要从事农业活动；镇和城市是城镇型居民点，统称城镇，居民主要从事非农业活动。

（2）城市的发展

城市形成之后，其发展大致可划分为三个阶段：农业社会时期的城市、工业社会时期的城市和信息社会时期的城市。

1）农业社会时期的城市发展

农业社会时期的城市跨越了从奴隶社会到工业革命以前漫长的历史。虽然城市中出现了越来越多的贸易与手工制造，但是这一时期的城市居民仍主要以从事农业生产为主。

军事对农业社会时期的城市发展影响较大，城市选址多为当时的战略要点，有明确的边界，并在边界上筑有城墙，城墙上有碉楼、塔楼，墙下挖护城河。如巴比伦城，由于防御需要，筑有两重城墙。两重城墙间隔12米，墙厚6米，城东还加筑一道外城（图1-5）。欧洲中世纪时期的城堡在选址、平面布置等方面都是以军事防御为目的，并考虑了组织多层次、多方位的射击等问题。当时还出现了一些完全从防御要求出发的平面模式，如建筑师斯卡莫奇设计的新帕尔马城（图1-6）。

中国古代城市则以城墙方式抵御攻击，从一套方城发展成两套城墙，都城则有三套城墙，每层城墙外均有深而广的城壕。如宋代都城东京，由三套

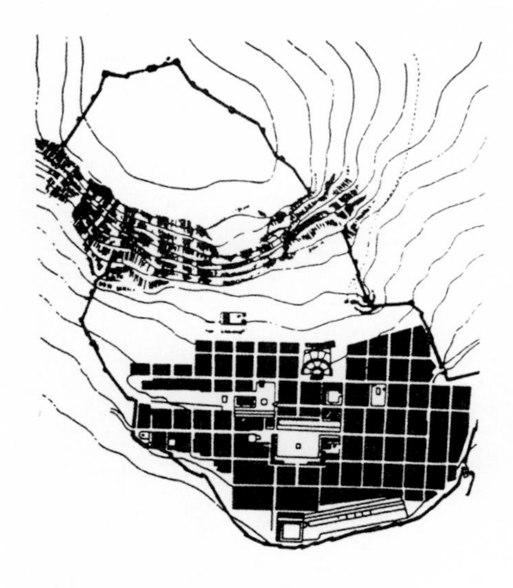

图1-4　追求理性秩序的晋南城

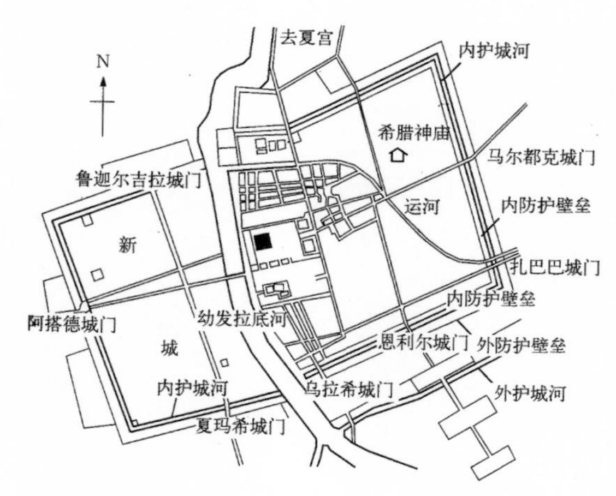

图1-5　巴比伦城平面图

图1-6　新帕尔马城

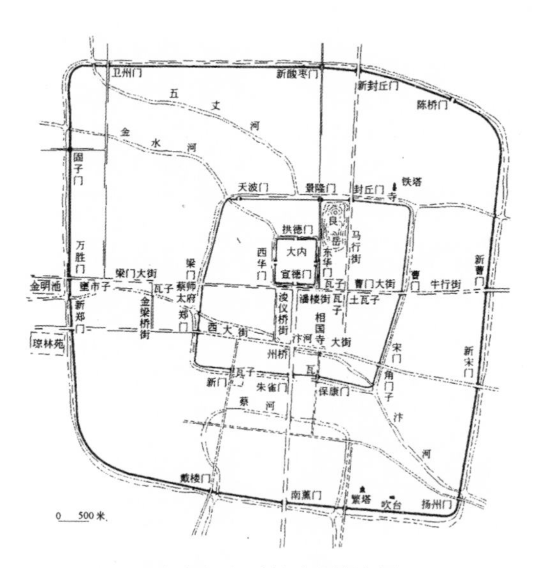

图1-7　宋东京（开封）复原想象图

城墙组成，并结合河系，在城墙外形成城壕，加强城市的防御能力（图1-7）。

社会各阶级在农业社会时期的城市中也有明显的反映。无论在中国还是西方，城市内部中贵族与平民严格分开，不同阶层、不同职业的人分居城市的各个部位。在上层社会居住的区域内，城市服务设施完善，特别是古罗马的城市，贵族们过着奢华的生活，公共浴室、斗兽场、宫殿、寺庙、广场一应俱全，与下层奴隶居住的简陋环境有着鲜明的对比。早在公元前2500年，埃及的卡洪城(KaHun)就已经可以反映这种阶层差别。卡洪城为长方形，用墙分为两部分，墙西为贫民居住区，挤满250多个小屋；墙东路北为贵族居住区，面积与贫民区相同，有10 ～ 11个大院，墙东路南为中等阶层的居住区（图1-8）。

政治体制对城市发展也有着直接的影响。在中国封建社会时期,自秦始皇统一全国，实行郡县制后，直至清王朝，大多数朝代都是统一的中央集权

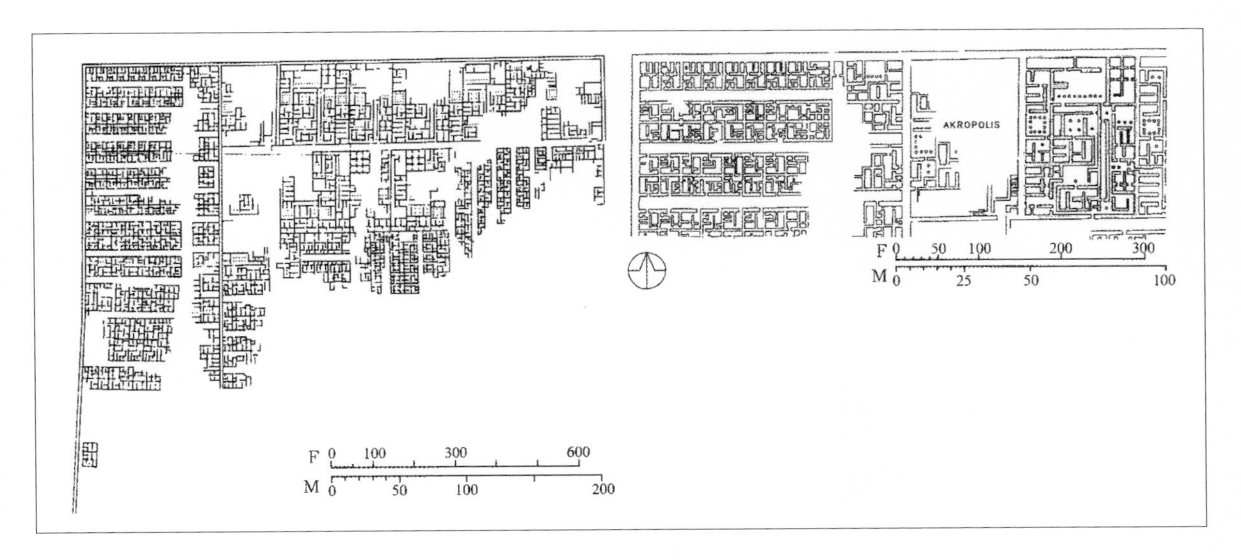

图1-8　卡洪城平面图

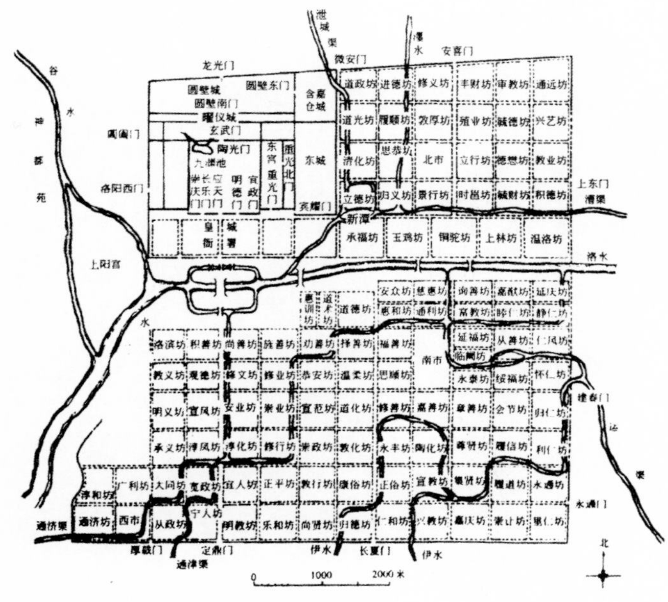

图1-9　唐洛阳东都坊里复原示意图

图1-10　佛罗伦萨平面图

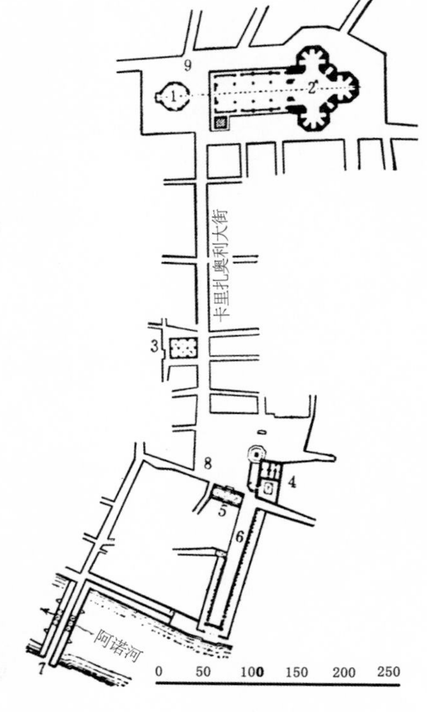

图1-11　西格诺利亚广场平面（局部）

1.洗礼堂　2.佛罗伦萨大教堂　3.圣密歇尔教堂
4.市政厅　5.兰齐敞廊　6.乌菲齐大街　7.桥
8.西格诺利亚广场　9.教堂广场

制国家。各朝代的都城规模都很大，布局严整，如隋唐长安城、东都洛阳城（图1-9）、元大都等，城市内部的中心都是政权统治的中心，如宫殿、官府衙门。欧洲封建社会在很长时期内处于分裂状态，城市规模小，直至君权专制国家的出现，城市规模才有较大的发展。欧洲封建社会时期城市的中心往往是神权统治的中心——教堂（图1-10、图1-11）。

经济的发展也在一定程度上影响了城市的结构布局。在中国，商业城市主要随着商贸的繁荣而发展，丝绸之路和京杭大运河催生了大量沿线的商业城市；内河漕运，特别是长江中下游的贸易往来，使得中国的经济中心逐渐南移；海上贸易则曾一度繁荣了中国漫长的海岸线上的大量城市。由于自然条件的差异，商业手工业的地区水平有很大的差异，从全国来看，城市人口密度及城市分布很不平衡。元明清以后沿长江及南北运河形成一个城市发达的地带，在西北、康藏、内蒙古等牧区则是一个城市稀少的地带，在这两个地区之间是城市较发达的地带，而长江三角洲、珠江三角洲、成都平原等处则是城镇密集的地带（图1-12)。

但自明中叶后，为防御海寇侵扰，沿海筑了大量防卫的卫所，并实行闭关政策，同时将发展重点

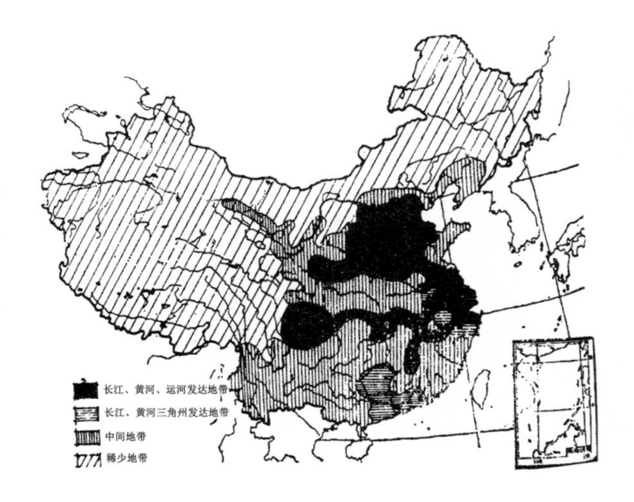

图1-12　三个城市地带（发达地带、稀少地带、中间地带）示意图

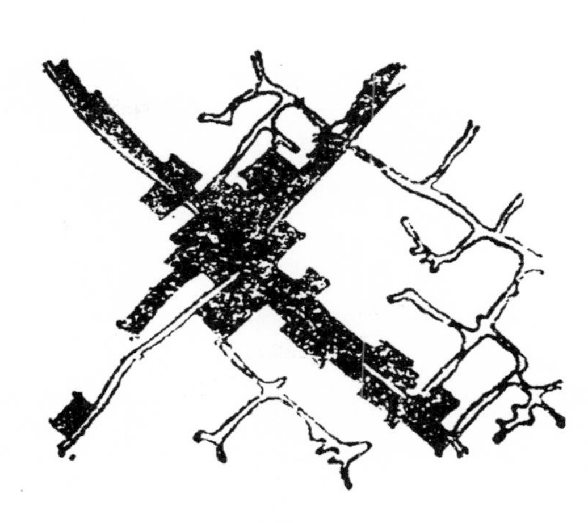

图1-13　沿河成十字形的集镇：南翔镇

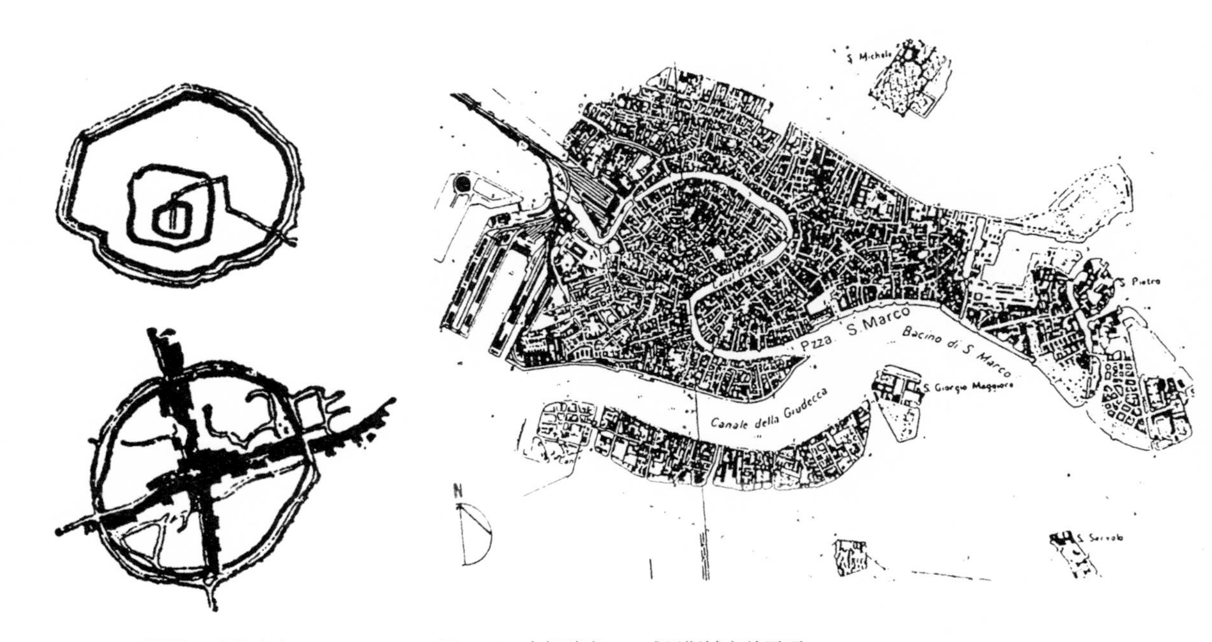

图1-14　圆形城镇：上海嘉定

图1-15　有机秩序——威尼斯城市总平面

放在内地沿江河的城市或地区性的中心城市上。随着城市经济的进一步发展，城市内部的集中市镇逐渐转变为繁华的商业街，这一改变给城市的结构布局带来了变革。例如，上海附近的南翔镇（图1-13）和上海嘉定（图1-14），由于交通条件好、商业发达而扩展，沿河和道路形成集中的集市贸易中心，设有一些居民点所没有的商业服务设施，或一些政府、税务等机构，进而影响了城市结构的布局。

在西方，古希腊古罗马城市的产生得益于早期地中海的贸易往来。到中世纪至大航海时代，内河商业航运和海上贸易与殖民掠夺为现代欧洲城市的形成打下了基础（图 1-15）。

2) 工业社会时期的城市发展

近代的工业革命，也称为第二次产业革命，它使城市的发展呈现出了与以往完全不同的景象，城市规模和数量呈现出爆炸性的增长，城市的发展发生了巨大的变化。如伦敦自1750年到1914年的城市规模和人口数量迅速增加，城市空间急剧扩张（图1-16）。

城市工业的发展所带来的巨大变化，最显著地表现在城市人口的聚集。随着蒸汽机的发明，西方城市率先步入工业化，技术发展使得就业岗位增加，大量人口不断地涌入工厂、车间，城市人口迅速膨胀。工业化吸收了大量农业人口，使之转化为城市人口；城市扩展也吞并了周围的农业用地，失去土地的农民流入城市成为工人。这些都加速了城市化。

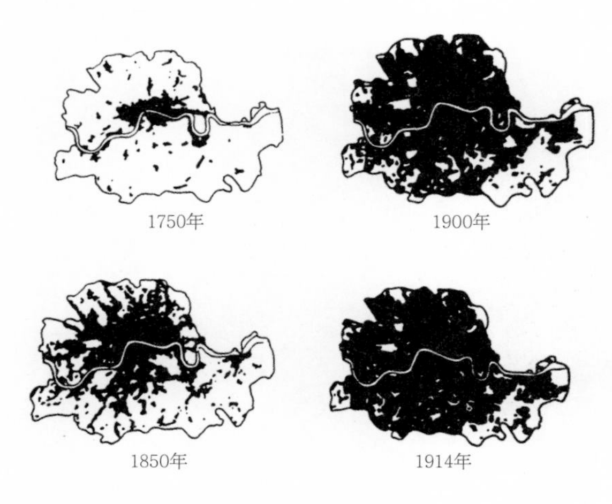

图1-16　近代伦敦城市空间的急剧扩张

城市工业化的发展对城市结构布局也产生了重大的影响。首先是城市逐渐抛弃了城墙的概念。这一方面是兵器进步与战争形态转变的结果，更重要的是，随着城市的迅速发展。必须寻求大量的土地来进行城市建设，拥挤的中世纪城市很难做到这点。这就导致城市的发展不再受到城墙的束缚开始向外蔓延，圈层式地向外扩张，成为工业化初期城市发展的典型形态。其次是随着工业的进一步发展，工业生产需要工厂区，工人需要居住区，工业原料和产品的流动需要现代化的交通设施，工业产品的交换需要更有效的市场……这些都使得城市结构布局更加复杂，并直接导致城市用地的多样化。新型工业设施、道路系统和市政设施的出现，大大影响了城市的整体面貌，使得城市变成一个复杂的系统集合体，现代意义的城市也就是在这个系统集合体上不断地叠加延伸的。

工业在城市中的发展也导致了严峻的环境问题，著名的工业城市伦敦因严重的污染问题被人们冠名为“雾都”。城市中的各种公用设施提供了远比封建社会高得多的城市物质生活条件，但与此同时，随着工业的盲目发展，大量污水、废气、垃圾污染了城市环境，城市的生活环境质量下降。如何在城市化、城市发展过程中处理好人工环境与自然环境的关系，成为城市规划的重要课题（图1-17）。

第二次世界大战以后城市的发展相对于第二次世界大战前城市的发展，出现了不同的景象。

伴随着第二次世界大战炮声的结束，许多受到战火严重破坏的城市都开始了自己的重建之路。

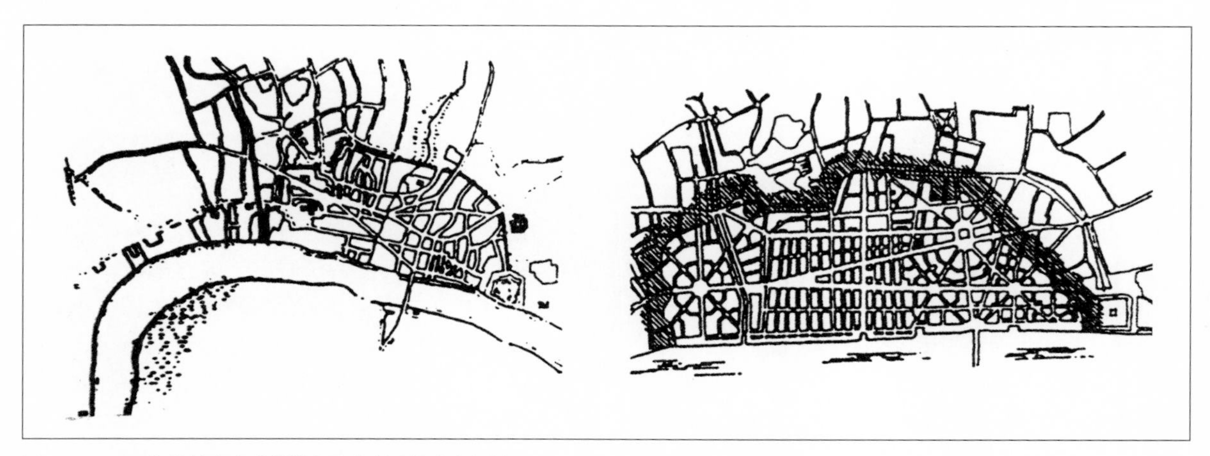

图1-17　1666年伦敦大火前的城市及大火后的改建规划

20世纪50年代中，世界范围内完成了经济恢复，进入新的发展时期。经济的恢复、工业的发展，也带来了城市化进程的加快，城市人口规模不断扩大。到2008年，世界城市人口已经达到总人口的50%，地球开始进入城市时代。在这个发展的背景下，城市面临着诸多的挑战，其中最突出的是城市环境问题，如大气及水体污染、热岛效应、人口拥挤和卫生安全等。人们开始尝试从不同的学科和角度去解决这些问题，比如建立城市绿地系统以创造良好的城市生态环境，建立有机疏散模型以减少城市集聚效应等。联合国在1996年于巴西里约热内卢召开的政府首脑会议上发表宣言，提出了关于可持续发展的号召，成为新世界城市发展的主要思想。

图1-18　莫斯科卫星城规划

城市交通的多样化也深刻地影响着这一时期的城市发展，高科技在这一领域导致了更加复杂的城市交通系统。汽车的普及使得城市道路系统逐渐完善，机场和航空港成为一座城市发达的标志，远洋运输工具的进步致使港口城市的结构布局发生了巨大改变。

这一时期城市内部的产业升级，使得服务业、商业等逐渐成为城市经济发展的新动力。大量的工厂开始由中心城区迁至郊区，取而代之的是高大的写字楼、繁华的商业街和大片环境优良的住区。美国等一些发达国家在第二次世界大战以后，由于私人汽车交通的快速发展和城市中心居住环境的恶化，出现了人口和就业向郊区转移的现象（图 1-18、图1-19、图1-20）。

3）信息社会时期的城市发展

随着科学技术的发展，在人类步入信息时代后，城市发展进入了一个新领域。

全球化下的区域协作成为这一时期城市发展的主要特征。这些城市借助地理优势和彼此之间便利的交通，整合利用资源，形成互补产业集群。一些城市群、城市带率先出现在发达国家，如美国的东北部地区、芝加哥地区、西海岸城市带，日本的阪神地区，英国的东南部地区，欧洲中部地区（德、荷、比、法）等。中国的城镇密集地区有以上海为中心的长江三角洲地区、以广州为中心的珠江三角地区（图1-21）、京津唐地区、辽中地区和成渝地区。

图1-19　1935年莫斯科总图

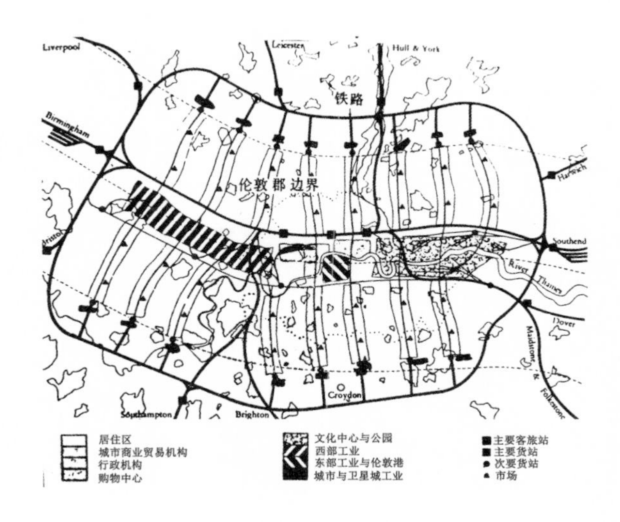

图1-20　伦敦现代建筑研究学会制订的伦敦规划

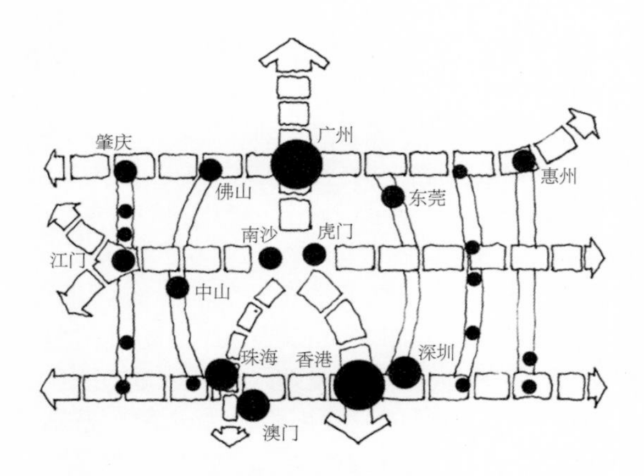

图1- 21　珠三角城镇群协调发展规划示意

全球化对城市的另一个重要影响是城市建设的趋同性。世界城市建设在经历过一段时间的盲目全球化后，逐渐认识到只有做到保护历史遗产和民族地域特色，才能使一个城市精神和文化得到延续，才能在竞争中独树一帜。

1.1.2　城市化的定义、特征与历史过程

（1）城市化的定义

城市化也称为城镇化、都市化，简单解释为由农业为主的传统乡村社会向以工业和服务业为主的现代城市社会逐渐转变的现象及过程。具体包括以下几个方面。

①人口职业的转变：农业转变为第二、第三产业。表现为农业人口不断减少，非农业人口不断增加。

②产业结构的转变：工业革命后，工业不断发展，第二、第三产业的比重不断提高，第一产业的比重相对下降。工业化的发展也带来农业生产的现代化。

③土地及地域空间的变化：农业用地转化为非农业用地，由比较分散、密度低的居住形式转变为较为集中成片的、密度较高的居住形式；从与自然环境接近的空间转变为以人工环境为主的空间形态。

城市化水平指城镇人口占总人口的比重，也从一个方面表现社会发展的水平和工业化的程度。

（2）城市化的特征

城市化过程表现出以下特征：城市人口占总人口的比重不断上升；产业结构升级，从以低效的第一产业为主转向以高效的第二、三产业为主；城市化水平提高，不仅是建立在第二、三产业发展的基础上，也是农业现代化的结果，农业人口的剩余也成为城市化的推动力（表1-1）。

（3）城市化的历史过程

城市化的发展历程可以用S曲线表示（图1-22）。

1979年，美国城市地理学家诺瑟姆发现并提出了该曲线，因此又称为“诺瑟姆曲线”。诺瑟姆在总结欧美城市化发展历程的基础上，把城市化的轨迹概括为拉长的S形曲线，并将城市化划分为初期、中期和稳定三个阶段。

①初期阶段——生产力水平尚低，城市化的速

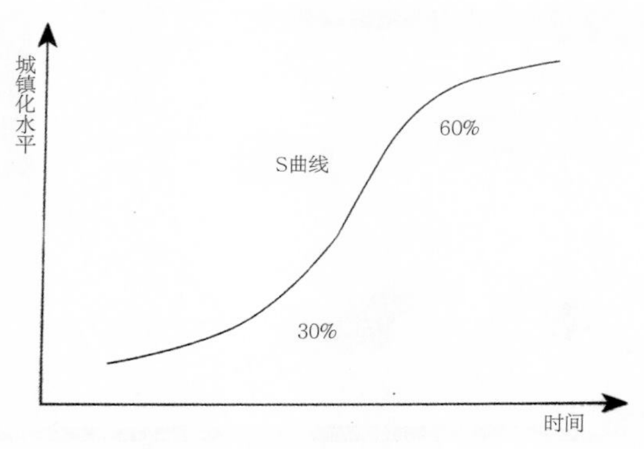

图1-22　城镇化发展的S形曲线

表1-1　国际产业结构变化（1960—2004）

	各产业占GDP的百分比								
	1960年			1995年			2004年		
产业类型	Ⅰ	Ⅱ	Ⅲ	Ⅰ	Ⅱ	Ⅲ	Ⅰ	Ⅱ	Ⅲ
低收入经济/%	50	17	33	25	30	35	23	25	52
中等收入经济/%	22	32	46	11	35	52	10	34	56
高收入经济/%	6	40	54	2	32	66	6	24	70

（吴志强，李德华.城市规划原理[M].4版.北京：中国建筑工业出版社，2010:12）

度较缓慢，较长时期才能达到城市人口占总人口的30%左右。

②中期阶段——当城市化超过30%，进入快速提升阶段。由于经济实力明显增强，城市化的速度加快，在不长的时间内，城市人口占总人口的比例就达到60%以上。

③稳定阶段——农业现代化的过程已基本完成，农村的剩余劳动力已基本转化为城市人口，城市中工业的发展、技术的进步，使一部分工业人口又转向第三产业。

城市化的历史进程在不同国家、不同城市有着极大的不平衡：英国早在19世纪末就进入稳定期，美国在20世纪城市化进程最快，现已稳定。

1.1.3 中国的城市化道路

中国的城市化进程比西方起步晚，至20世纪末仍处在初期阶段。改革开放以来，城市化速度加快，2000年第五次人口普查，城市化率为36%，到2011年城市化率已达51.27%。但我国城市化受自然环境、区位条件和社会经济水平发展不平衡的影响，东、中、西部地区的城市化水平差异较大。从世界范围内看，中国正经历人类历史上规模最大、速度最快的城市化浪潮，到2030—2040年，中国城市化水平将达到70%～80%，将有数以亿计的人口从农村进入城市，这将对国家社会、经济各个方面带来深远的影响（表1-2）。

1.2 城市规划理论的产生与发展

1.2.1 城市规划思想的渊源

（1）中国古代的城市规划思想

中国古代城市发展经历了漫长的历史阶段。在发展过程中，古代城市规划思想也逐步完善和成熟，大致可分为形制初创时期、形制发展时期、形制稳定时期。

1）形制初创时期

中国古代文明中有关城镇修建和房屋建造的论述，总结了大量生活实践的经验，其中常以阴阳五行和堪舆学的方式出现。虽然至今尚未发现有专门论述规划和建设城市的中国古籍，但许多理论和学说散见于《周礼》《商君书》等史书和城市建设的案例中。

成书于春秋战国之际的《周礼·考工记》，反映了中国古代哲学思想开始进入都城建设规划，这是中国古代城市规划思想最早形成的时代。该书记述了关于周代王城建设的空间布局，比较典型的如“匠人营国，方九里，旁三门。国中九经九纬，经涂九轨。左祖右社，前朝后市，市朝一夫”（图1-23）。“匠人营国”指建筑师丈量土地及建设城市，“方九里”应为每边长9里，“旁三门”指每边开三门。“国中九经九纬”指城内有九条竖街、九条横街或是三条南北向三条东西向主要干道，且每条干道由三条并列的道路组成。“经涂九轨”指

表1-2 1949—2009年我国城市化水平变化

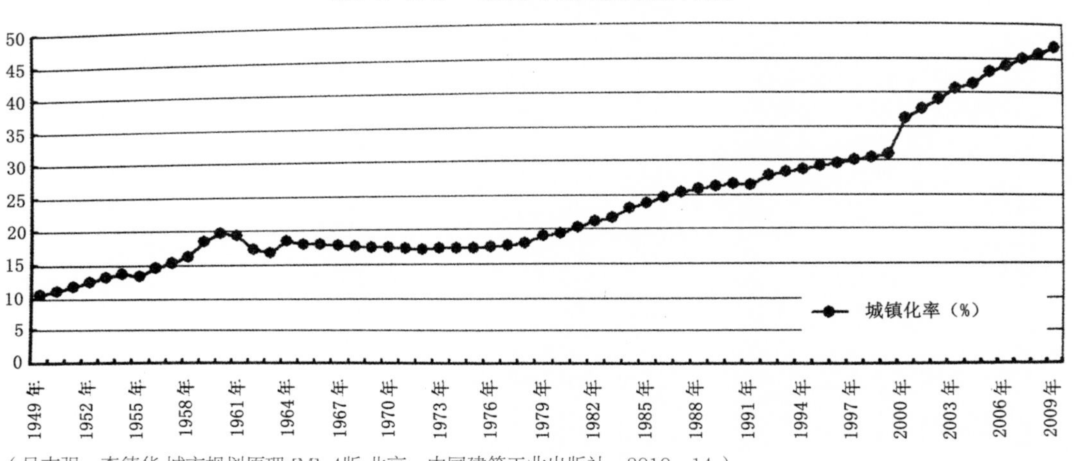

（吴志强、李德华.城市规划原理[M].4版.北京：中国建筑工业出版社，2010：14.）

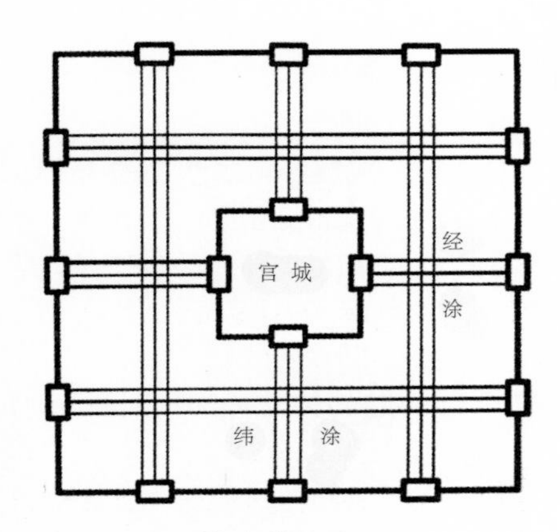

图1-23　周王城平面想象图

道路宽度为车轨的9倍，可并排走3辆车。“市朝一夫”，即市与朝各方百步。“左祖”为祖庙，“右社”为社稷坛；还记述了按照封建等级，不同级别的城市，如“都”“王城”和“诸侯城”在用地面积、道路宽度、城门数目、城墙高度等方面的级别差异；还有关于城外的郊、田、林、牧地的相关关系的论述。《周礼·考工记》记述的周代城市建设的空间布局制度对中国古代城市规划实践活动产生了深远的影响。

战国时代，《周礼》的城市规划思想受到多方面的挑战，城市向多种规划布局模式发展，丰富了中国古代城市规划布局模式。《管子》的出现，也在思想上丰富了城市规划的创造。《管子·度地篇》中，已有关于居民点选址要求的记载：“高勿近阜而水用足，低勿近水而沟防省”，就是说筑城向上不要靠近高地，就可以有充足的水源；向下不要靠近潮湿低洼的地方，就可以省去排水的沟渠。《管子》认为“因天材，就地利，故城郭不必中规矩，道路不必中准绳”，意思就是说要依靠天然资源，要凭借地势之利。所以，城郭的构筑，不必拘泥于合乎方圆的规矩；道路的铺设，也不必拘泥于平直的准绳。从思想上完全打破了《周礼》单一模式的束缚，如战国时期的淹城（图1-24）。《管子》还认为，必须将土地开垦和城市建设统一协调起来，农业生产的发展是城市发展的前提。对于城市内部的空间布局，《管子》认为应采用功能分区的制度，以发展城市的商业和手工业。《管子》是中国古代城市规划思想发展史上一本革命性的重要著作，它的意义在于从城市功能出发，建立了理性思维和以自然环境和谐为主导的准则，其影响极为深远。

2）形制发展时期

随着城市的发展，功能分区布局方法已经出现，改变了原来城市布局松散、宫城与坊里混杂的状况，城市规划思想处于快速发展时期。

三国时期，魏王曹操于公元213年在营建的邺城规划布局中，已经采用城市功能分区的布局方法。邺城的规划继承了战国时期以宫城为中心的规划思想，改进了汉长安城布局松散、宫城与坊里混杂的状况。邺城功能分区明确、结构严谨，城市交通干道轴线与城门对齐，道路分级明确（图 1-25）。邺城的规划布局对此后隋唐长安城的规划，以及以后的中国古

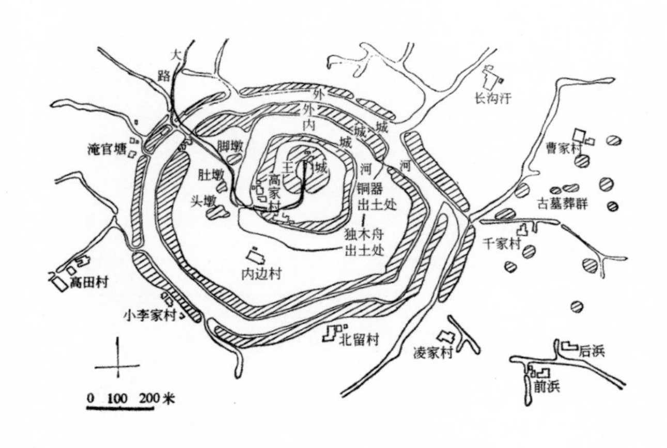

图1-24　淹城平面图

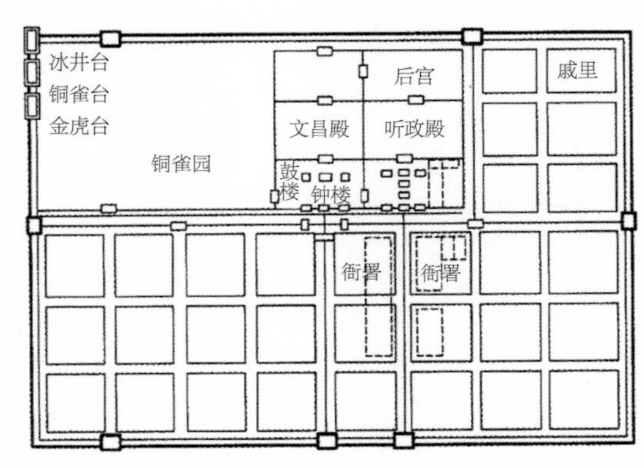

图1-25　曹魏邺城示意图

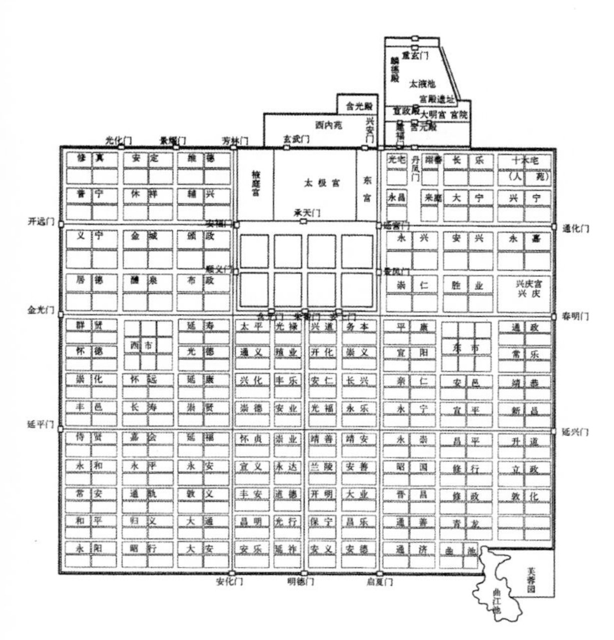

图1-26　唐长安城复原图

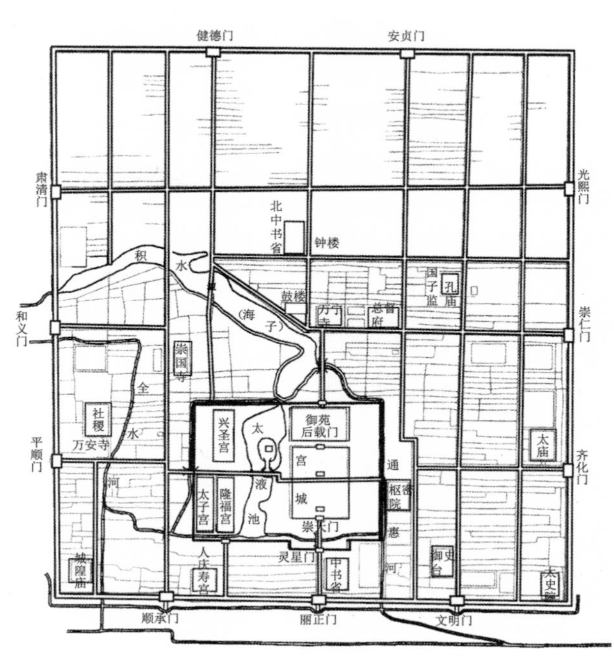

图1-27　元大都复原图

代城市规划思想发展产生了重要影响。

公元7世纪，由宇文恺负责制订规划的隋唐长安城（图1-26），按照建设时序建造。整个城市布局严整、分区明确，充分体现了以宫城为中心、“官民不相参”和便于管制的指导思想。城市干道系统有明确分工，设集中的东西两市。整个城市的道路系统，坊里、市肆的位置体现了中轴线对称的布局。有些方面如旁三门、左祖右社等也体现了周代王城的体制。里坊制在唐长安城得到进一步发展。

3）形制稳定时期

自元、宋起，中国城市建设中绵延了千年的里坊制度逐渐被废除，开封城中出现了开放的街巷制度。这种街巷制度成为中国古代后期城市规划与前期城市规划布局区别的基本特征，反映了中国古代城市规划思想的新发展。城市规划思想也逐渐进入稳定时期。

元代出现了中国历史上另一个全部按城市规划修建的都城——大都（图1-27）。城市布局更强调中轴线对称，在几何中心建中心阁，在很多方面体现了《周礼 · 考工记》上记载的王城的空间布局制度。同时，城市规划又结合了当时的经济、政治和文化发展的要求，并反映了元大都选址的地形地貌特点。

中国古代的城市规划思想受到占统治地位的儒家思想的深刻影响。除了代表中国古代城市规划的、受儒家社会等级和社会秩序而产生的严谨、中心轴线对称规划布局外，在中国古代的城市规划和建设中，还大量可见的是反映“天人合一”思想的规划理念，体现的是人与自然和谐共存的观念。大量的城市规划布局中，充分考虑当地地质、地理、地貌的特点，自由的外在形式里面是富于哲理的内在联系。

中国古代城市规划强调整体观念和长远发展，强调人工环境与自然环境的和谐，强调严格有序的城市等级制度。这些理念在中国古代的城市规划和建设实践中得到了充分的体现，同时也影响了日本、朝鲜等东亚国家的城市建设实践。

（2）西方古代的城市规划思想

① 在古希腊城邦时期，城市规划之父希波丹姆提出了城市建设的希波丹姆（Hippodamus）模式。这种城市布局模式以方格网的道路系统为骨架，以城市广场为中心，广场是市民集聚的空间，寻求几何图像与数之间的和谐与秩序的美。这一模

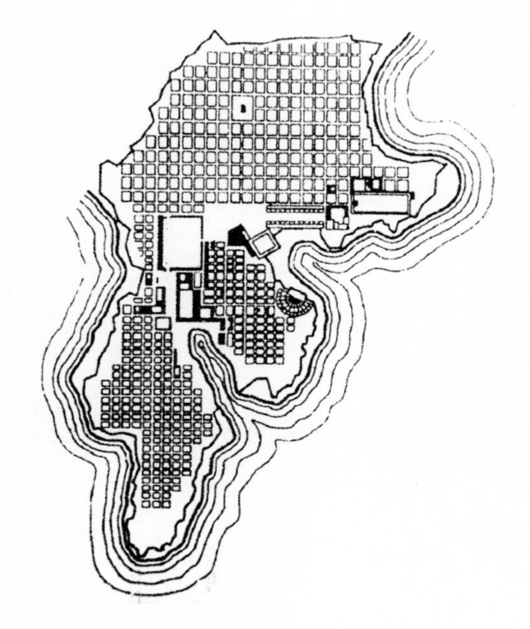

图1-28　米列都城平面图

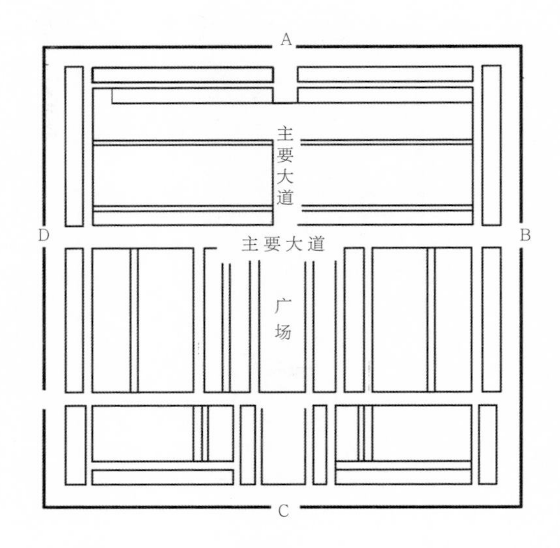

图1-29　罗马营寨城图

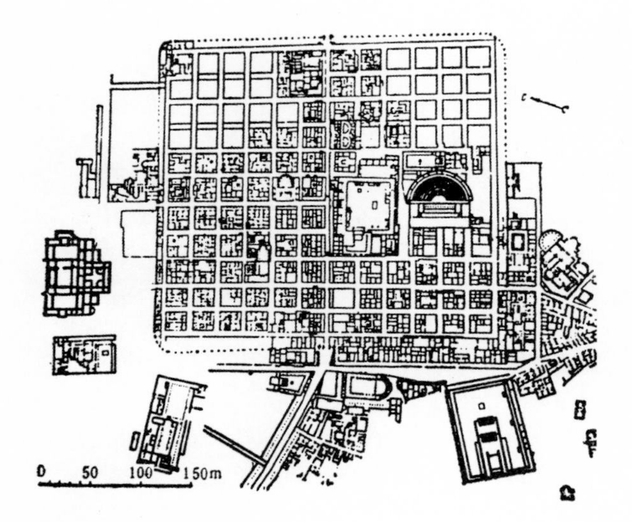

图1-30　提姆加德城平面图

式在希波丹姆规划的米列都城(Milet)（图1-28）得到了完整的体现。

②在古罗马时期，建造了大量的营寨城（图1-29）。营寨城有一定的规划模式：平面呈方形或长方形，中间十字形街道，通向东、南、西、北4个城门。南北街称Cardos，东西道路称Decamanus，交点附近为露天剧场或斗兽场与官邸建筑群形成的中心广场(Forum)。其中最为典型的营寨城市是建于公元100年即罗马帝国时期的北非城市提姆加德（图1-30）。古罗马营寨城的规划思想深受军事控制目的影响，用以在被占领地区的市民心中确立作为罗马当臣民的认同感。

③公元前1世纪的古罗马建筑师维特鲁威(Vitruvius)的著作《建筑十书》（*De Architectura L. briDecem*）是西方古代保留至今最完整的古典建筑典籍。该书分为十卷，提出了不少关于城市规划、建筑工程、市政建设等方面的论述（图1-31)。

④14—16世纪文艺复兴时期，封建社会内部产生了资本主义萌芽，新生的城市资产阶级势力不断壮大，在一些城市中占了统治地位。许多中世纪的城市，由于不能适应这种生产及生活发展变化的要求而进行了改建。城市的改建往往集中在一些局部地段，如广场建筑群。具有代表性的如威尼斯的圣马可广场（图1-32），它成功地运用不同体型和大小的建筑物和场地，巧妙地配合地形，组成具有高度建筑艺术水平的建筑组群。

⑤16—17世纪，在欧洲先后建立了君权专制的国家，它们的首都，如巴黎、伦敦、柏林、维也

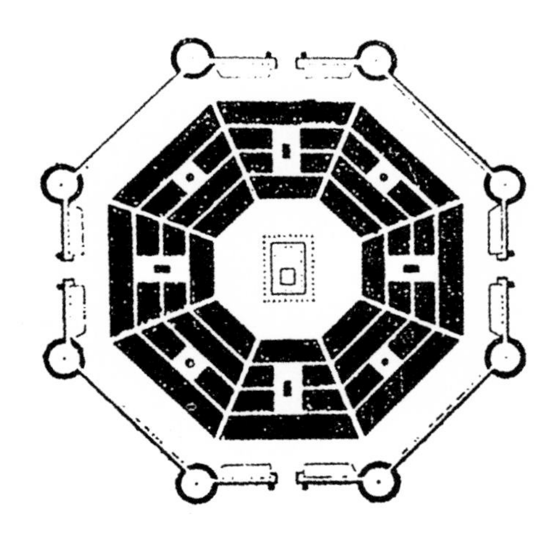

图1-31　维特鲁威的理想城市

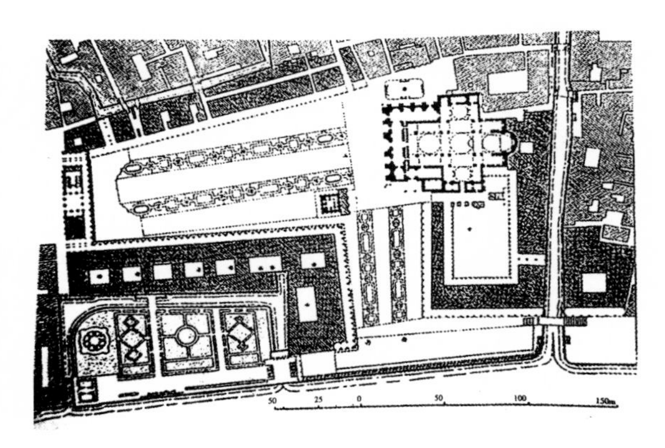

图1-32　威尼斯圣马可广场总平面图

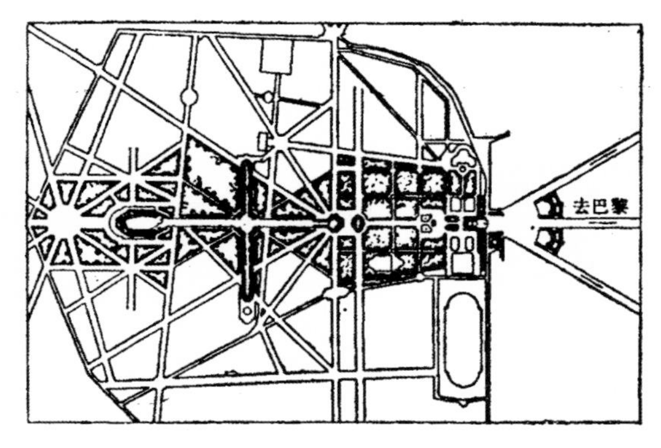

图1-33　凡尔赛宫平面图

纳等，均发展成为政治、经济、文化中心型的大城市。城市的改建、扩建的规模超过以前任何时期。其中以巴黎的改建规划影响较大。路易十四在巴黎城郊建造凡尔赛宫（图1-33），而且改建了附近整个地区。凡尔赛宫的总平面采用轴线对称放射的形式，这种形式对建筑艺术、城市设计及园林均有很大的影响，成为当时城市建设模仿的对象。其设计思想及理论内涵还是从属于古典建筑艺术，未形成近代的城市规划学。

（3）其他古代文明的城市规划思想

世界其他地方的古代文明也有各自的城市规划思想和实践。

大约公元前3000年，小亚细亚、古埃及、波斯等古文明地区就存在城市。在公元前4000年至公元前2500年的1 500年间，世界人口数量增加了一倍，城市数量也成倍增长。已掌握的考古资料表明，这些城市主要分布在北纬20°—40°，且绝大部分选址于海边或大河两岸。从全球范围看，这个时期的城市分布西起今天的西班牙南部，东至中国的黄海和东海（表1-3）。

表1-3　现已发掘的其他古代文明城市数

年　代	公元前3000年	公元前2500年	公元前2000年	公元前1500年
古埃及	4	6	10	12
美索不达米亚	5	12	22	22
西亚	4	6	13	20
波斯	2	3	3	5
小亚细亚	—	3	6	9
克里特岛	—	—	—	4
古希腊	—	—	—	10
南西班牙	—	—	—	2
古印度	—	—	—	10

（吴志强，李德华.城市规划原理[M].4版.北京：中国建筑工业出版社，2010：25.）

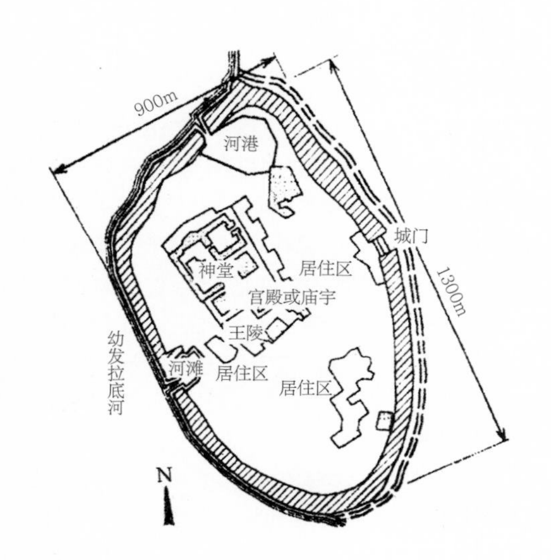

图1-34　乌尔城复原图

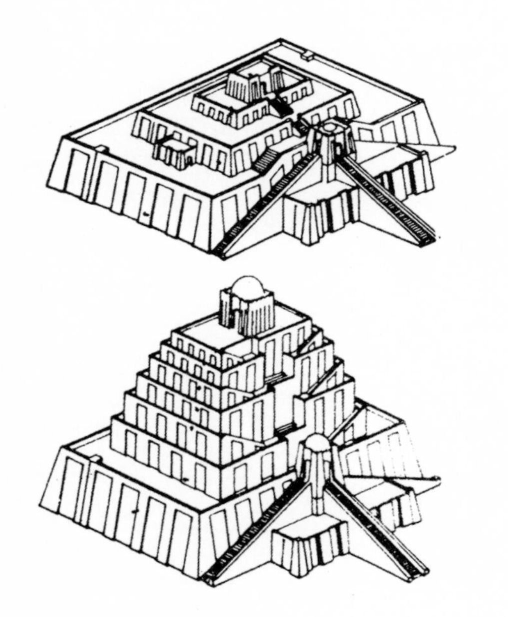

图1-35　乌尔城山岳台

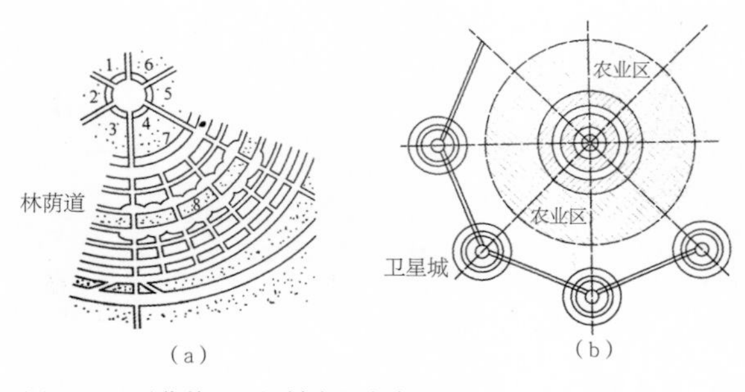

图1-36　霍华德“田园城市”方案图

古代两河流域文明发源于幼发拉底河与底格里斯河之间的美索不达米亚平原，当地的居民信奉多神教，建立了奴隶制政权，创造出灿烂的古代文明。古代两河流域的城市建设充分体现了其城市规划思想，比较著名的有乌尔城（Ur）（图1-34）。乌尔城建于公元前2500年到公元前2100年，平面呈椭圆形，王宫、庙宇以及贵族僧侣的府邸位于城市北部的夯土高台上，与普通的平民和奴隶的居住区之间有高墙分割。夯土高台共七层，中心最高处为神堂，之下有宫殿、衙署、商铺和作坊。乌尔城内有大量的耕地（图1-35）。

建于公元前2000年的卡洪城(Kahun)是代表古埃及文明的重要城市。它位于通往绿洲的要道上，是开发绿洲的必经之路，也是修建金字塔的大本营。卡洪城平面呈矩形，正南北朝向。城市内部由厚墙分为东西两部分：墙西为奴隶居住区，迎向西面沙漠吹来的热风；墙东侧北部的东西向大道又将东城分为南北两部分，路北为贵族区，排列着大的庄园，面向北来的凉风；路南主要是商人、小吏和手工业者等中等阶层的居住区，建筑物零散分布呈曲尺形；在城市的东南角为墓地。整个卡洪城布局严谨，社会空间区分严格。

1.2.2　城市规划理论的渊源与发展

（1）近代城市规划理论的渊源和发展

1）空想社会主义理论

近代工业革命促进了城市发展，创造了前所未有的财富；同时，也带来了日益尖锐的矛盾，诸如居住拥挤、环境质量恶化、交通拥挤等，这种状况既危害了劳动人民的生活，也妨碍了资产阶级自身的利益。因此，从全社会的需要出发，诞生了各种用以解决这些矛盾的城市规划理论。资本主义早期的空想社会主义者、各种社会改良主义者及一些从事城市建设的实际工作者和学者提出了种种设想。这样，到19世纪末20世纪初形成了有特定的研究对象、范围和系统的现代城市规划学。

早在16世纪前期，资本主义尚处于萌芽时期，托马斯·莫尔(Thomas More，1477—1535)针对资本主义城市与乡村的脱离和对立、私有制和土地投机等所造成的种种矛盾，提出了空想社会主义的“乌托邦”（Utopia）。设想中有54个城市，城市与城市之间最远一天能到达。城市不大，市民轮流下乡参加农业劳动。产品按需向公共仓库提取，设公共食堂、公共医院，以废弃财产私有的观念。稍后的安得累雅的“基督教之城”、康帕内拉(TommasoCampanelta，1568—1639)的“太阳城”也都主张废弃私有财产制。这种早期的以莫尔为代表的空想社会主义在一定程度上揭露了资本主义城市矛盾的实质，其进步性是主张消灭剥削制度和提倡财产公用，其保守性是他们实际上代表封建社会小生产者，在新兴资本主义的威胁下，企图倒退到小生产的旧路上。

19世纪初，英国空想社会主义者罗伯特·欧文(Robert Owen，1771—1858)提出“劳动交换银行”及“农业合作社”，建立“新协和村(New Harmony)”，意图构建共产主义式社会，解决社会弊病。1829年，傅立叶(Charles Fourier. 1772—1837)发表了《工业与社会的新世界》一书，强调社会要适应人的需要，警惕竞争的资本主义制度造成的浪费。1871年戈定（Godin）力图把傅立叶的思想变成现实，在盖斯进行了建设。

空想社会主义的理论和实践，在当时未产生实际影响，但他们把城市当作一个社会经济的实体，把城市建设和社会改造联系起来，这显然比那些把城市和建筑停留在造型艺术的观点要更深刻。他们的一些理论，也成为以后的“田园城市”“卫星城市”等规划理论的渊源。

2）田园城市(Garden City)理论

1898年，英国人霍华德(Ebenezer Howard)根据对当时城市膨胀和环境恶化等问题的研究，发表了《明天—— 一条引向真正改革的和平道路》，提出了“田园城市”的理论，并以规划图解方案具体地阐述其理论（图1-36）：城市人口3万人，占地约2 400 hm^2。城市外围有2 000 hm^2土地为永久性绿地，供农牧产业用。城市部分由一系列同心圆组成。有六条大道由圆心放射出去，中央是一个占地20 hm^2的公园。沿公园也可建公共建筑物，其中包括市政厅、音乐厅兼会堂、剧院、图书馆、医院等，它们的外面是一圈占地58 hm^2的公园。公园外圈是一些商店、商品展览馆，再外一圈为住宅，再外面为宽128 m的林荫道，大道当中为学校、儿童游戏场及教堂，大道另一面又是一圈花园住宅。

1903年，在离伦敦56 km的地方建立起第一座田园城市——莱奇华斯（Letchworth）(图1-37）。1920年，开始建设离伦敦西北36 km的第二座田园城市——韦林（Welwyn）（图1-38）。

霍华德针对现代工业社会出现的城市问题，把城市和乡村结合起来，作为一个体系来研究。他以

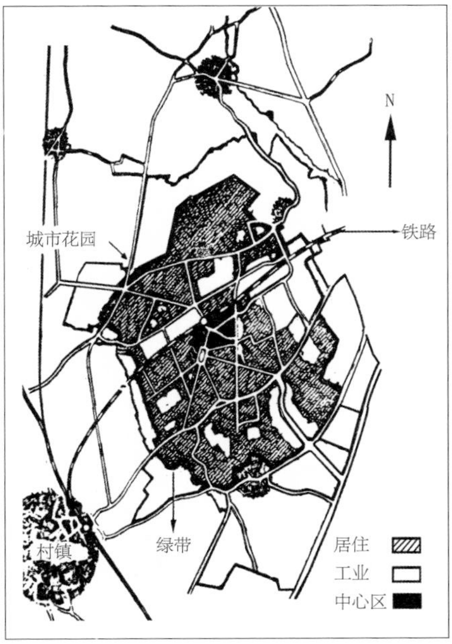

图1-37　莱奇华斯田园城市图

图1-38　韦林田园城市图

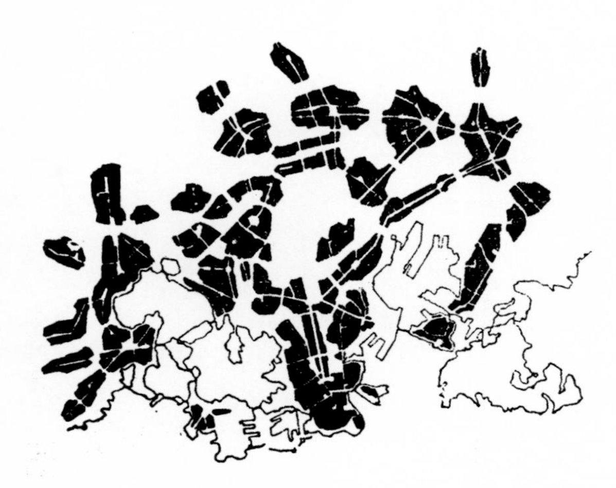

图1-39　沙里宁制定的大赫尔辛基规划图

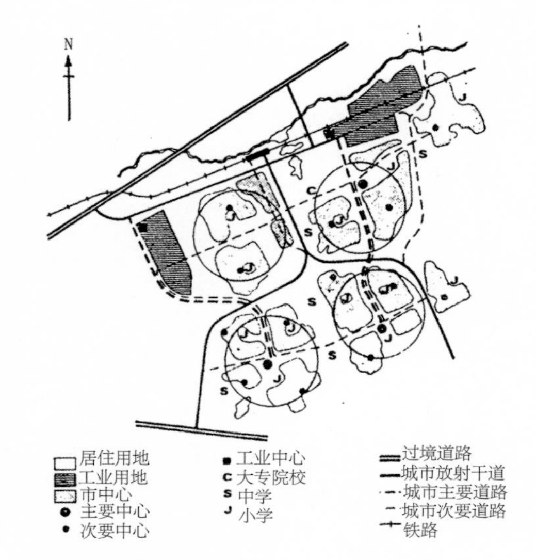

图1-40　哈罗新城平面图

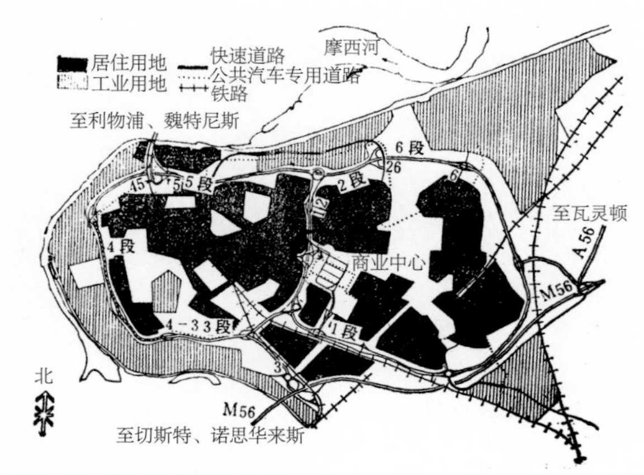

图1-41　郎科恩新城规划图

改良社会为目标，将物质规划和社会规划紧密地结合在一起，设想了一种先驱性的城市模式，具有比较完整的城市规划思想体系，对现代城市的规划思想起了重要的启蒙作用。对其后出现的一些规划理论如有机疏散理论、卫星城镇理论都有相当大的影响。今天，一般将霍华德“田园城市”理论的提出作为现代城市规划的开端。

3）卫星城镇规划的理论和实践

20世纪初，大城市的恶性膨胀，使如何控制及疏散大城市人口成为突出的问题。作为“田园城市”理论追随者的昂温（Unwin）在1922年出版了《卫星城市的建设》一书，正式提出了卫星城市的概念。书中指出，卫星城市是在大城市的附近，并在生产、经济和文化生活等方面受中心城市的吸引而发展起来的城市或是工人镇。它往往是城市集聚区或城市群的外围组成部分，来疏散人口以控制大城市的规模。

1912—1920年，巴黎制定了郊区的居住建设规划，在离巴黎16 km的范围内建立28座居住城市。这些城市除了居住建筑外，没有生活服务设施，居民的生产工作及文化生活上的需要尚需去巴黎解决，一般称这种城镇为“卧城”。1918年，芬兰建筑师伊利尔·沙里宁制定了大赫尔辛基方案（图1-39）。方案中主张在赫尔辛基附近建立一些半独立城镇，它不同于“卧城”，除了居住建筑外，还设有一定数量的工厂、企业和服务设施。

第二次世界大战后，欧洲城市重建规划时，在郊区普遍地新建了一些卫星城市。建立卫星城镇的思想逐渐开始和地区的区域规划联系在一起。此后，卫星城发展大体经历了三代，第一代以英国哈罗新城为代表（图1-40）。该新城距伦敦37 km，规划人口7.8万人，用地约2 590 hm^2，规模较小、密度较低，按邻里单位建设，功能分区比较严格。

第二代以英国的朗科恩新城为代表（图1-41）。该新城的城市规模扩大，功能分区淡化，密度提升，注重景观设计，交通规划要比第一代新城先进。

第三代的卫星城实质上是独立的新城。以英国在20世纪60年代建造的米尔顿·凯恩斯(Milton-Keynes)为代表（图1-42）。其特点是城市规模比第一、第二代卫星城扩大，并进一步完善了城市公共交通及公共福利设施。

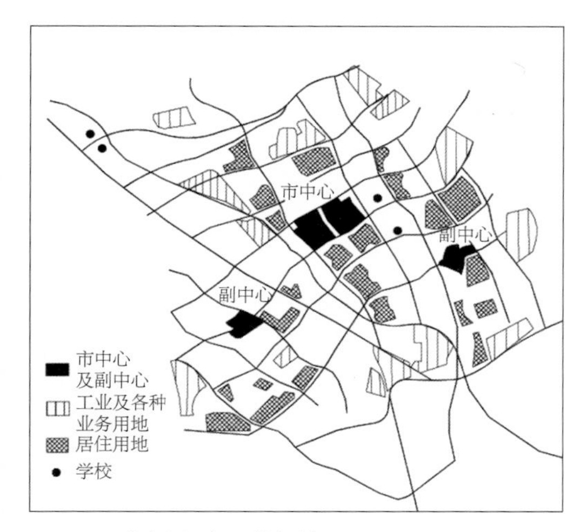

图1-42 米尔顿·凯恩斯规划图

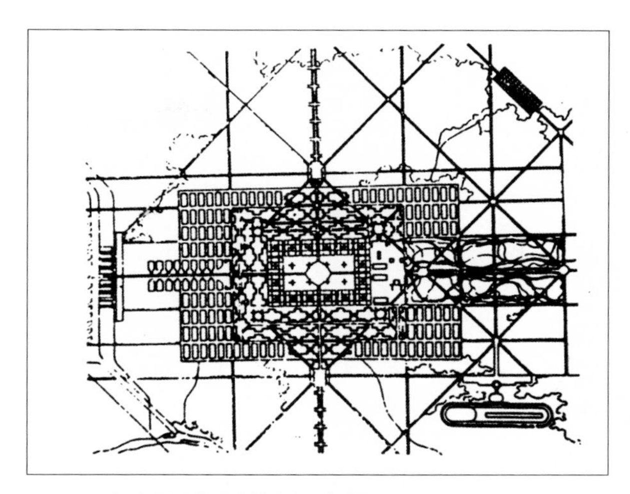

图1-43 柯布西耶的现代城市规划平面图

从卫星城镇的发展过程中可以看出，由“卧城”到半独立的卫星城，到基本上完全独立的新城，其规模逐渐趋向由小到大。英国在20世纪40年代的卫星城，人口在5万～8万人，20世纪60年代后的卫星城，规模已扩大到25万～40万人。规模大的新城可以提供多种就业机会，也有条件设置较大型、完整的公共文化生活服务设施，可以吸引较多的居民，减少对母城的依赖。

（2）现代城市规划理论的渊源和发展

1）现代建筑运动与《雅典宪章》(*Charter of Athens*)

法国人勒·柯布西耶(Le Corbusier)在1925年发表了《城市规划设计》一书，将工业化思想大胆地带入城市规划。他主张以技术手段提高城市中心区的建筑高度，向高层发展，增加人口密度，提出空间集中的规划理论来解决城市中绿地、空地太少，日照、通风、游憩、运动条件太差等问题（图1-43）。

与此相反，赖特（Frank Lloyd Wright）在1935年发表的《广亩城市：一个新的社区规划》（*Broadacre City：A New Community Plan*）中提出了反集中的空间分散的规划理论。他强调城市中的人的个性，反对集体主义，呼吁城市回到过去的时代。他认为大都市将死亡，美国人将走向乡村，家庭和家庭之间要有足够的距离，以减少接触来保持家庭内部的稳定（图1-44）。

在对比柯布西耶和赖特的两个不同的规划理论时，我们也可以发现他们的共性，即，都有大量的绿化空间在他们“理想的城市”中；都已经开始思考当时所出现的新技术；认识到电话和汽车对城市产生的影响。

1933年国际现代建筑协会(CIAM)在雅典开会，中心议题是城市规划，并制订了一个《城市规划大纲》，这个大纲后来被称为《雅典宪章》。这个大纲集中地反映了当时“现代建筑”学派的观点。《大纲》指出，城市应按全市人民的意志进行规划，要以区域规划为依据。城市按居住、工作、游憩进行分区及平衡后，再建立三者联系的交通网。在思想上认识到城市中广大人民的利益是城市规划的基础，规划应按照人的尺度（人的视域、视角、步行距离等）来估量城市各部分的大小范围。城市规划是一个基于长、宽、高的三度空间的科学，要以国家法律形式保证规划的实现。

《大纲》中提出的种种城市发展中的问题、论点和建议很有价值，对于局部地解决城市中一些矛盾也起过一定的作用。这个《大纲》中的一些理论，由于基本想法上是要适应生产及科学技术发展给城市带来的变化，而敢于向一些学院派的理论、陈旧的传统观念提出挑战，因此具有较强的生命力。《大纲》中的一些基本论点，至今还有着深远的影响。

2）“邻里单位”思想

1929年，美国建筑师佩利（Clerance perry）在编制纽约区域规划方案时，针对纽约等大城市人口密集、房屋拥挤、居住环境恶劣和交通事故严重的现实，发展了“邻里单位（Neighbourhood Unit）”的居住区规划思想（图1-45）。“邻里单位”思想要求在较大的范围内统一规划居住区，“邻里单位”作为构成居住区乃至整个城市的“细胞”。这种邻里单位以一个不被城市道路分割的小学服务范围作为基本空间尺度，合理地控制人口规模和用地面积；内部设置一些为居民服务的、日常使用的公共建筑及设施；内部和外部的道路有一定的分工，防止外部交通在“邻里单位”内部穿越；保持原有地形地貌和自然景色以及充分的绿地；建筑自由布置，各类住宅都必须有充足的日照通风和庭院。强调内聚的居住情感，强调作为居住社区的整体文化认同感和归属感。“邻里单位”思想还提出在同一邻里单位内安排不同阶层的居民居住，设置一定的公共建筑，这些也与当时资产阶级搞阶级调和、社会改良主义的意图相呼应。

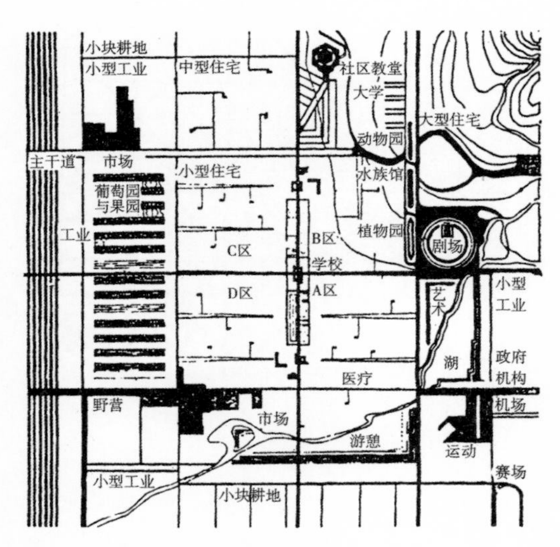

图1-44　赖特的广亩城市平面示意图

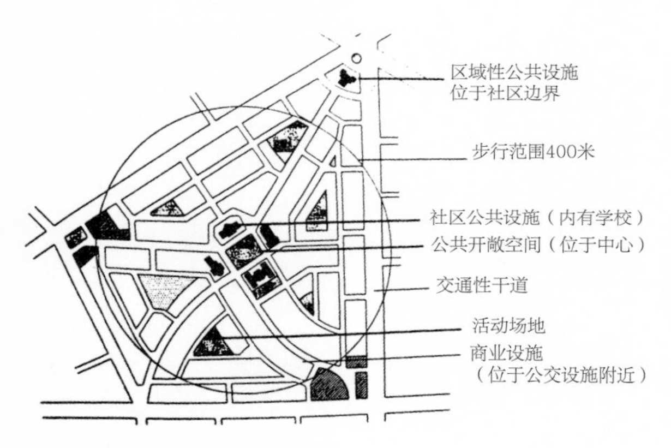

图1-45　佩里的“邻里单位”

“邻里单位”思想因为适应了现代城市由于机动交通发展带来的规划结构上的变化，把居住的安静、朝向、卫生、安全放在重要的地位，因此对以后居住区规划影响很大。第二次世界大战后，在欧洲一些城市的重建和卫星城市的规划建设中，“邻里单位”思想更进一步得到应用、推广和发展。

3）“有机疏散”思想

伊利尔·沙里宁针对大城市过分膨胀所带来的各种“弊病”，在1934年发表了《城市——它的成长、衰败与未来》(*The city: Its Growth, Its Decay, Its Future*)一书，书中提出了有机疏散的思想。这是一种有关城市发展及其布局结构的新理论。

沙里宁用对生物和人体的认识来研究城市，认为城市由许多“细胞”组成，细胞间有一定的空隙。有机体通过不断地细胞繁殖而逐步生长，它的每一个细胞都向邻近的空间扩展，这种空间是预先留出来供细胞繁殖之用，这种空间使有机体的生长具有灵活性，同时又能保护有机体。因此，他认为有机疏散就是把扩大的城市范围划分为不同的集中点所使用的区域，这种区域内又可分成不同活动所需要的地段（图1-46）。

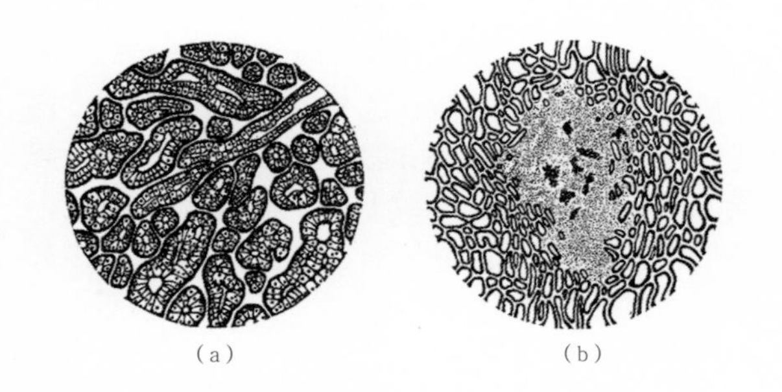

图1-46　细胞组织的“有机秩序”

（a）健康的细胞组织　（b）衰亡的细胞组织

沙里宁还认为街道交通拥挤对城市的影响与血液不畅对人体的影响一样，主动脉、大静脉等组成输送大量物质的主要线路，毛细血管则起着局部的输送作用。输送的原则是简单明了的，输送物直接送达目的地，并不通过与它无关的其他器官，而且流通渠道的大小是根据运量的多少而定。按照这种原则，他认为应该把联系城市主要部分的快车道设在带状绿地系统中，也就是说把高速交通集中在单独的干线上，使其避免穿越和干扰住宅区等需要安静的场所。

有机疏散的思想在第二次世界大战后的许多城市规划工作中得到应用。但是20世纪60年代以后，也有许多学者对这种把其他学科里的规律套用到城市规划中的简单做法提出了尖锐的质疑。

4）马丘比丘宪章(*Charter of Machu Picchu*)

1978年12月，一批建筑师在秘鲁的利马集会，对《雅典宪章》40多年的实践作了评价，认为实践证明《雅典宪章》提出的某些原则是正确的，而且将继续起作用，但也纠正了部分内容，并就城市问题提出新的解决方法。如肯定了把交通看成城市基本功能之一，道路应按功能性质进行分类，改进交叉口设计等。但是也指出，把小汽车作为主要交通工具和制定交通流量的依据的政策应改为使私人车辆服从于公共客运系统的发展；要注意在发展交通与“能源危机”之间取得平衡。《雅典宪章》中认为，城市规划的目的是在于综合城市四项基本功能——生活、工作、游憩和交通，其解决办法就是将城市划分成不同的功能分区。但是实践证明，追求功能分区却牺牲了城市的有机组织，忽略城市中人与人之间多方面的联系，城市规划应努力去创造一个综合的多功能的生活环境。这次集会后发表的《马丘比丘宪章》还提出了在城市急剧发展中如何更有效地使用人力、土地和资源，如何解决城市与周围地区的关系，提出了生活环境与自然环境的和谐问题。

在文物和历史遗产的保护与保存方面，《马丘比丘宪章》指出，城市的个性和特性取决于城市的体型结构和社会特征。因此，不仅要保存和维护好城市的历史遗址和古迹，而且还要继承一般的文化传统。一切有价值的，说明社会和民族特性的文物必须保护起来。保护、恢复和重新使用现有历史遗址和古建筑必须同城市建设过程相结合起来，以保证这些文物具有经济意义并继续具有生命力。在考虑再生和更新历史地区的过程中，应把设计优秀和质量优良的当代建筑物包括在内。

5）理性主义规划理论及其批判

20世纪六七十年代的西方城市规划指导理论可以用三个词来概括：系统、理性和控制论。

第二次世界大战结束以后，刘易斯·凯博(Lewis Keeble)1952年出版的《城乡规划的原则与实践》（*Principles and Practice of Town and Country Planning*）一书全面阐述了当时被普遍接受的规划思想，集中反映了城市规划中的理性程序。城市规划的对象还主要局限在物质方面，规划编制程序步步相扣，从现状调查、数据收集统计、方案提出与比较评价、方案选定、各工程系统的规划的编制都在理论上达到了至善至美的严密逻辑。到20世纪60年代末、70年代初，随着系统工程和数理分析的推广，城市规划工作中运用了大量的数理模型，包括用纯粹数理公式表达的城市发展模型和城市规划控制模型。在此现象之下，城市规划编制的理论程序也就更加理性，理性主义成为主导的规划思想。

理性主义规划理论认为，规划方案是对城市现状问题的理性分析和推导的必然结果。但是在理性主义使规划变得越来越严密的时候，城市规划专业也变得越来越让人看不懂，大堆复杂的数理模型对城市发展的实际意义让人无法理解。除了对理性主义理论的工作方法的批判外，还有针对理性主义理论在规划过程中多局限于物质形态，对城市中的社会问题关心太少的批判。对理性主义理论的批判还来自于行政管理过程，理性主义理论对决策者的立场观点缺乏充分的认识。查尔斯·林德伯伦姆(Charles Lindblom)在1959年发表《紊乱的科学》(The science of -Muddling Through，)一文，尖锐地批评了第二次世界大战后各国编制的几乎是清一色的越来越烦琐的城市综合规划(comprehensive planning)并呼吁，必须冲破综合性总体规划的繁文缛节，重新定义规划自己的能力作用，去达到真正能达到的规划目的。

6）城市设计研究

第二次世界大战之后，西方社会沉浸在一种和平恢复和社会经济高速发展的气氛之下。大家关心的是如何设计得更漂亮、更美观，更能让人们满足、信服。吉伯德(F. Gibberd)和凯文·林奇(Kevin Lynch)分别在1952年和1960年出版了《市镇设计》(*Town Design*)和《城市意象》(*The Image of the City*)，立刻成为市场上的畅销书和规划师、设计师的工作手册。当时城市设计研究的重点集中于城市空间景观的形态构成要素方面，凯文·林奇在作

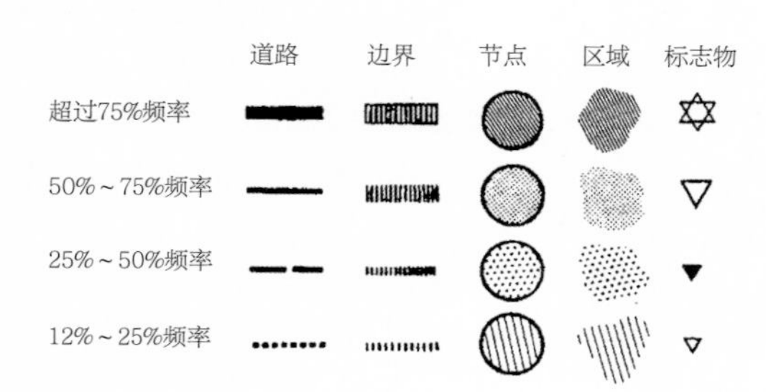

图1-47　凯文·林奇的“城市意象五要素”示意图

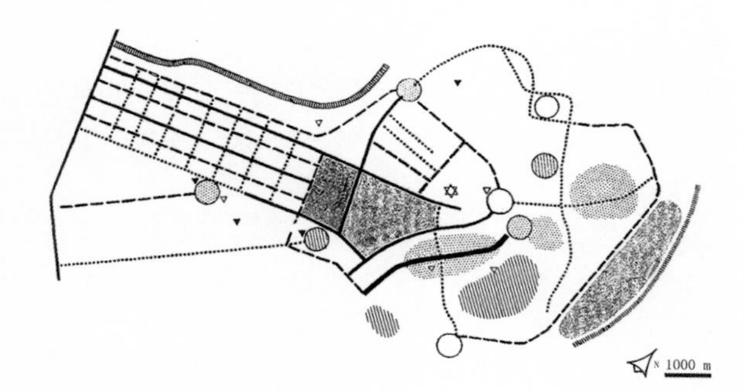

图1-48　波士顿意象五要素示意图

了大量第一手的问卷调查分析后，认为在城市空间景观中，界面、路径、节点、场地、地标是最重要的构成要素（图1-47），并有基本规律可以把握。在塑造城市空间景观的时候，应从对这些要素的形态把握入手（图1-48）。

20世纪70年代，西方社会经济出现了大动荡，物质建设的高潮也已经过去，吉伯德和林奇等人有关物质形态的分析受到众多规划师的批判。主要被攻击的目标是，城市设计分析理论在关心美的创造时，却忽视了为谁创造美这一规划师的根本立场问题。

20世纪80年代中期，重新出现了关于城市物质形态设计的研究成果。例如，1985年布罗西(J.Brothie)等编著的《论新技术对城市形态的未来的影响》(*The Future of Urban Form: The Impact of New Technology*)和格里斯(Walter L. Greese)的《美国景观的桂冠》（*The Crowning of the American Landscape*）。而1987年，埃伦·雅各布斯(Allen Jacobs)与阿普亚德(Donald Appleyard)的《走向城市设计的宣言》(*Towards an Urban Design Manifesto*)影响很大，这本书不是单纯地采取对城市环境的批判态度，而是以积极的态度确定城市设计的新目标：良好的都市生活，创造和保持城市肌理，再现城市的生命力。1990年以后，城市设计在新的层面上被看作解决城市社会问题的工具之一。

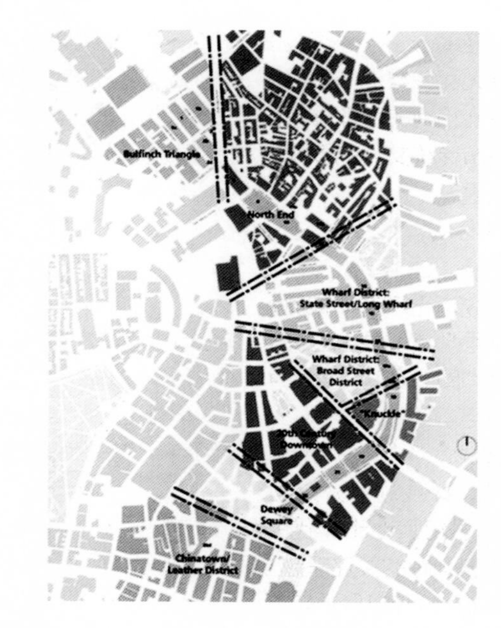

图1-49　美国著名文化中心——波士顿城区规划图

图1-50　美国贫民窟

（3）当代城市规划理论及发展趋势

1）城市规划的社会学批判、决策理论和新马克思主义

简·雅各布斯(Jane Jacobs)于1961年出版的《美国大城市的死与生》(*The Death and Life of Great American Cities*)被一些学者称作当时规划界的一次大地震（图1-49）。雅各布斯在书中对规

划界一直奉行的最高原则进行了无情的批判。她把城市中大面积绿地与犯罪率的上升联系到一起，把现代主义和柯布西耶推崇的现代城市的大尺度指责为对城市传统文化的多样性的破坏。她批判大规模的城市更新是国家投入大量的资金让政客和房地产商获利，让建筑师得意，而平民百姓都是旧城改造的牺牲品。在市中心的贫民窟被一片片地推平时，大量的城市无产者却被驱赶到了近郊区，在那里造起了一片片新的住宅区，实际上那是一片片未来的贫民窟（图1-50）。

雅各布斯对城市规划理论的发展起到了一个里程碑式的作用。更重要的是，从专业理论的发展角度，让规划师开始注意到是在为谁作规划。整个20世纪六七十年代的城市规划理论界对规划的社会学问题的关注超越了过去任何一个时期，其中影响较大的有1965年达维多夫(Paul Davidoff)发表的《规划中的倡导与多元主义》(*Advocacy and Pluralism in Planning*)，及其在此之前的1962年他与雷纳(T. Reiner)合著的，发表于JAIP上的《规划选择理论》(*A Choice Theory of Planning*)。达维多夫的这两篇论文在当时的城市规划理论界取得了很高的荣誉。他对规划决策过程和文化模式的理论探讨，以及对规划中通过过程机制保证不同社会集团的利益，尤其是弱势团体的利益的探索，都在规划理论的发展史上留下了重要的一笔。

罗尔斯(J. Rawls)在1972年发表了《公正理论》(*Theory of Justice*)，在规划界第一次提出了规划公正的理论问题。半年之后，新马克思主义地理学家大卫·哈维(David Harvey)写了《社会公正与城市》(*SocialJustice and the City*)一书，把这个时代的规划社会学理论推向高潮，成为以后的城市规划师的必读之书。

20世纪70年代后期，城市学中新马克思主义的另一位代表人物卡斯泰尔斯(Manuel castells)于1977年发表了《城市问题的马克思主义探索(*The Urban Question*: *A Marxist Approach*)》，1978年，他又发表了专著《城市，阶级与权力》(*City*, *Class and Power*)，反映出20世纪60年代培养的一代马克思主义青年在规划理论界开始占据了城市学理论的制高点。规划理论界开始摆脱雅各布斯对城市表象景观的市民式的抨击，进入了针对这些表象之下的社会、经济和政治制度本质的深入分析和批判。

1992年前后，国际规划界中出现了大量关于妇女在城市规划中的地位、作用和特征的讨论，约翰·弗里德曼(John Friedmann)也加入其中，发表了《女权主义与规划理论：认识论的联系》(*Feminist and Planning Theories: The Epistemological Connections*)。他认为至少有两点是女权主义对规划理论的重要贡献：一是性别问题相对于社会关系中的个人职业精神(Ethics)，更强调社会的联系和竞争的公平；二是女权主义的方法论中强调差异性和共识性. 挑战了传统规划中的客观决定论，使规划实践中的权利更加平等。

2）全球城(Global City)、全球化理论与全球城镇区域

进入20世纪90年代后，规划理论的探讨出现了全新的局面。大量对城市发展新趋势的研讨取代了20世纪80年代对“现代主义”的讨论。大城市全球化方面最早的有影响的研究是约翰·弗里德曼组织的“世界大都市比较”，这项研究形成的成果发表于《发展与变化》（*Development and Change*）期刊1986年第117期上，题为《世界城的假想》(*The World city Hypothesis*)。早期发表的文献还有费思斯坦(S. S. Fainstein) 1990年的《世界经济的变化与城市重构》(*The Changing World Economy and Urban Restructuring*)和同年金(Anthony King)发表的专著《全球城》(*Global Cities*)。1991年萨森(Saski Sassen)也随后写了一本几乎同名的书《全球城》(*The Global City*)。

全球化是20世纪末世界范围内最典型的、也是影响面最广的社会经济现象。所谓全球化，通常是指世界各国之间在经济上越来越相互依存，各种发展资源（如信息、技术、资金和人力）的跨国流动规模越来越扩大，而世界贸易所涉及的商品和服务越来越多，超过了历史上的任何时期。在这个全球化城市的网络中，决定城市地位与作用的因素将不仅取决于其规模和经济功能，而且也取决于其作为复合网络节点的作用。

20世纪90年代后半期，关于大都市全球化的研究成果迅速增加，这些研究既与规划理论结合，也与政策和城市形象结合。与全球化直接相关的研究是城市的信息化和网络化研究，国际范围中有影响的文献有卡斯泰尔斯（Manual Castells）于1989年发表的《信息化的城市》(*The Informational City*)和1994年他与霍尔(Peter Hall)合著的《世界

技术极》(*Technopoles of theWorld*)。

近年的城市规划理论的发展除了全球化和信息化的高屋建瓴的研究外，规划理论也没有放弃对规划本身核心问题的研究。曼德鲍姆（S.J.Mandelbaum）等于1996年编写的《规划理论的探索》(*Exploration in Planning Theory*)、格雷德(C. Greed)和罗伯兹(M.Roberts)合著的《城市设计：调停与反映》（*Introducing Urban Design: Intervention and Responses*），将古老、传统的城市设计引入了一个新境地。

经济全球化进一步以功能性分工强化不同层级都市区在全球网络中的作用，带来了全球范围全新的地域空间现象——全球城市区域(Global City Region)。2001年，斯考特(Allen Scott)等出版《全球城市区域：趋势、理论、政策》(*Global City-Regions: Trends, Theory, Policy*)一书，提出“全球城市区域不同于普通意义的城市，也不同于仅有地域联系的城市群或城市连绵区，而是在高度全球化下以经济联系为基础，由全球城市及其腹地内经济实力较雄厚的二级大中城市扩展联合而形成的独特空间现象”。根据斯考特的例证，一旦“都市区”“大都市带”“城市密集区”(Desakota)及“大都市连绵区”(MIR)被赋予全球经济的战略地位，就足以成为全球城市区域。日本的大城市地域结构模式之一是以经济联系为纽带，打破行政区划的分割，采取了圈域经济的“都市圈”模式，构建了东京大都市圈（首都圈）、阪神大都市圈（近畿圈）、名古屋大都市圈（中部圈）。三大都市圈的地域半径都在50～70 km。日本正是借助于这种圈域结构模式，较好地发挥中心城市和城市群的综合功能（图1-51）。

图1-51　日本三大都市圈

3）环境保护与可持续发展的规划思想

第二次世界大战后，以破坏环境为代价的乐观主义人类发展模式被打破，保护环境从一般的社会呼吁逐步成为在城市规划界的一种思想共识和操作模式。西方各国相继在城市规划中增加了环境保护规划部分，要求对城市建设项目进行环境影响评估（Environmental Impact Assessment）。

20世纪80年代，环境保护的规划思想又逐步发展成为可持续发展的思想。其实，人类对于可持续发展问题的认识可以追溯到200多年前，英国经济学家马尔萨斯(T. R Malthus)的《人口原理》已经指出了人口增长、经济增长与环境资源之间的关系；100年前，当工业化引起城市环境恶化，霍华德提出了“田园城市”的概念；20世纪50年代，人居生态环境开始引起人类的重视；20世纪60年代，人们开始关注考虑长远发展的有限资源的支撑问题，罗马俱乐部《增长的极限》代表了这种思想；1972年联合国在斯德哥尔摩召开的人类环境会议通过的《人类环境宣言》，第一次提出“只有一个地球”的口号；1976年人居大会(Habitat)首次在全球范围内提出了“人居环境(Human Settlement)”的概念；1978年联合国环境与发展大会第一次在国际社会正式提出“可持续发展(Sustainable Development)”的观念；1980年由世界自然保护同盟等组织、许多国家政府和专家参与制定了《世界自然保护大纲》，认为应该将资源保护与人类发展结合起来考虑。1981年，布朗的《建设一个可持续发展的社会》，首次对可持续发展观念作了系统的阐述，分析了经济发展过程中遇到的一系列的人居环境问题，提出了控制人口增长、保护自然基础、开发再生资源三大可持续发展途径。

1987年，世界环境与发展委员会向联合国提出了题为《我们共同的未来》的报告，对可持续发展的内涵作了界定和详尽的立论阐述，指出我们应该致力于资源环境保护与经济社会发展兼顾的可持续发展的道路。1992年第二次环境与发展大会通过的《环境与发展宣言》和《全球21世纪议程》的中心思想是：环境应作为发展过程中不可缺少的组成部分，必须对环境和发展“进行综合决策”。大会报告的第七章专门针对人居环境的可持续发展问题进行论述，这次会议正式地确立了可持续发展是当代人类发展的主题。1996年的人居第二次大会(Habitat Ⅱ)，又被称为城市高峰会议(The City Summit)，总结了第二次环境与发展会议以来人居环境发展的经验，审议了大会的两大主题：“人人享有适当的住房”和“城市化进程中人类住区的可持续发展”，通过了《伊斯坦布尔人居宣言》。

20世纪90年代，在国际城市规划界出现了大量在城市的总体空间布局、道路与工程系统规划等各个层面反映可持续发展思想和理论文献。这些文献以可持续发展为目标进行分析，提出了城市可持续发展规划模式和操作方法。例如，1903年瑞德雷(Matt Ridley)和罗(Bobbi S.Low)的《自私能拯救环境吗？》(*Can Selfishness Save the Environment?*)将可持续发展的环境问题与资本主义本质的社会意识联系起来，显示了其思想的力度。这样，环境学与社会学的楔入远比一般泛泛地谈环境可持续性的理论框架要高明得多，也深刻得多。

近年来，全球气候变化已成为不容忽视的事实，并已经和正在产生着一系列严重的后果。在城市规划领域，日益凸显出如何应对气候变化的必要性和紧迫性。在城市发展中减少温室气体排放、降低能源消耗，成为全世界城市共同关心的议题。“低碳城市”“零碳城市”“共生城市”等新的城市可持续发展模式也应运而生。

1.3 城乡规划学的学科构成

2011年，国务院学位委员会、教育部公布了新的《学位授予和人才培养学科目录（2011年）》。在这其中增加了“城乡规划学”为一级学科。其属于工学，专业代码为0833。城乡规划学、建筑学和风景园林学曾经是“建筑学”一级学科下属的二级学科(风景园林曾经一度是城市规划学科中的一个分支方向)。在《国家中长期科学与技术发展规划纲要》中，将国家“城镇化和城市发展”列为重要的学科领域。近30 年来社会经济的快速发展和城镇化的推进，使我们的国家竞争力不断增强。在未来的发展中，大、中、小城市和广大的乡村，都急需城乡规划学科的专门人才。快速城镇化提出对城乡规划学科综合性、跨学科的专业人才的需要，关系到我国城镇化的质量水平，涉及经济运行的可持续化、社会安全和生态安全等重要领域的综合方面。将城乡规划学科调整为一级学科进行建设，这对于解决学科发展被制约的困境，推进当代我国城乡规划发展的理论与实践，促进城乡统筹、区域协调和社会和谐稳定，具有重要的现实意义。

城乡规划学学科下设六个二级学科，包括区域发展与规划、城乡规划与设计、住房与社区建设规划、城乡发展历史与遗产保护规划、城乡生态环境与基础设施规划、城乡规划与建设管理。

（1）区域发展与规划

区域发展与规划是关于一定地区的资源开发利用，环境治理保护与控制，生产建设布局，城乡发展以及区域经济、人口、就业政策的综合性规划。

区域发展与规划的学科研究方向有：区域发展政策与战略、区域规划与城镇化。区域发展与规划的研究内容有区域发展、城乡统筹、城乡经济学、城乡土地规划、城镇化理论、政策与发展战略等。下面进行详细介绍。

①区域发展：区域发展规划是关于一定地区的资源开发利用，环境治理保护与控制，生产建设布局，城乡发展以及区域经济、人口、就业政策的综合性规划。

②城乡统筹:是指通过城乡资源共享、人力互助、市场互动、产业互补，通过城市带动农村、工业带动农业，建立城乡互动、良性循环、共同发展的一体化体制。

③城乡经济学:是研究城市在产生、成长、城乡融合的整个发展过程中的经济关系及其规律的经济学科。城市经济学以城市的产生、成长，最后达到城乡融合的整个历史过程及其规律，以及体现在城市内外经济活动中的各种生产关系为研究对象。

④城乡土地规划：以经济、技术科学为基础，从一个地区的自然经济条件出发，在国家有关方针政策和计划指导下，研究合理组织土地利用与土地管理之规律的学科。它强调合理“利用”和“管理”，包括农业用地和非农业用地及各类用地的具体的合理利用，强调农业利用，农业利用规划是土

地规划的主体。

⑤城市化理论：城市化是指农村人口转化为城镇人口的过程。反映城市化水平高低的一个重要指标是城市化率，即一个地区常住于城镇的人口占该地区总人口的比例。城市化的一般概念和遵循的基本原则：分析新型城市化在扩大内需、统筹城乡发展、转变发展方式、破解发展难题等方面的作用和重要意义,探讨推进新型城市化需要重点解决的体制机制、城乡协调、社会融合和城市现代化的问题。

⑥政策与发展战略：城市的可持续发展是实现人类可持续发展目标的重心和焦点，也是科学发展观对城市发展的内在要求。随着科技进步和经济全球化的迅猛发展，我国城市经济在取得辉煌成就的同时，其生存与发展也面临着人口过度膨胀、资源严重缺乏和环境日益恶化等越来越严峻的挑战。走什么样的城市发展道路，应该成为规划学科里面的一个重要课题。

（2）城乡规划与设计

主要研究方向：城市规划理论与方法、城市设计、乡村规划。

①研究内容：城市规划与设计、城乡规划理论、城市设计、乡村规划与设计、城乡景观规划、新技术在城乡规划中的应用等。

②城市设计：城市设计又称都市设计(urban design)，普遍接受的定义是“城市设计是一种关注城市规划布局、城市面貌、城镇功能，并且尤其关注城市公共空间的一门学科”。相对于城市规划的抽象性和数据化，城市设计更具有具体性和图形化。

③乡村规划与设计：乡村规划是（rural planning）乡村的社会、经济、科技等长期发展的总体部署，是指导乡村发展和建设的基本依据。规划内容主要有：a.乡村自然、经济资源的分析评价；b.乡村社会、经济的发展方向、战略目标及其地区布局；c.乡村经济各部门发展规模、水平、速度、投资与效益；d.定下乡村规划的措施与步骤。

④城乡景观规划：城乡景观规划的理论基本立足点是满足人们现实生活和精神审美的需要，对城乡各项景观要素采取保护、利用、改善、发展等措施，为城乡发展提供从全局到个案，从近期到远期的总体性政策要求。体现、控制、引导城乡物质建设风尚，促进城乡景观体系的良好形成。

（3）住房与社区建设规划

住房建设规划较为全面客观的理解应是指在一定时期内，城市政府（包括县政府）根据自身经济社会发展目标和条件，为满足不同收入阶层的住房需求，以及更好地调控房地产市场、调节收入分配而进行的各类住房建设的综合部署、具体安排和实施管理。

主要研究方向为住房政策与规划(包括房地产)、社区建设规划。

研究内容为城市住房政策、住区开发、房地产开发、社区建设与管理。

①房地产开发：从事房地产开发的企业为了实现城市规划和城市建设（包括城市新区开发和旧区改建）而从事的土地开发和房屋建设等行为的总称。

②社区建设与管理：借鉴国外社区发展经验，明确提出了社区建设的概念，旨在以社区建设为切入点，强化城市基层社会的管理，加强城市基层政权和群众自治组织的建设。至此，具有时代特色的以全面提高居民生活质量为特征的社区建设工作在我国全面兴起。

（4）城乡发展历史与遗产保护规划

主要研究方向为城乡历史发展与理论、城乡历史文化遗产保护规划与设计。

研究内容为城市建设史、城乡历史发展与理论、城市历史文化遗产保护规划与设计、乡镇历史文化遗产保护规划。

（5）城乡生态环境与基础设施规划

城市基础设施是城市赖以生存和发展的物质基础，完善的基础设施规划与建设对城市经济发展及居民生活起着重要的引导和支撑作用。其中，基础设施规划的科学性对城市生态安全的重要性不可忽视。

主要研究方向为城乡生态规划、城乡安全与防灾。

研究内容为城乡生态规划理论、乡村自然生态环境保护规划、社会型基础设施规划、工程型基础设施规划。

①城乡生态规划：城市生态系统是城市居民与周围生物和非生物环境相互作用而形成具有一定功能的网络系统。从城市规划学科的角度出发，以生态学为主线，在研究城乡空间发展的组分、机制及

控制原理的基础上，拓展了生态规划内涵，并以城市规划学科的空间资源配置职能为根本，融环境生态、自然生态、社会生态、经济生态、空间景观生态为一体。

②社会型基础设施规划：指服务于居民的各种机构和设施，如商业和饮食、服务业、金融保险机构、住宅和公用事业、公共交通、运输和通信机构、教育和保健机构、文化和体育设施等。

（6）城乡规划与建设管理

建设用地、建设工程项目管理和监督构成了最为日常的规划管理工作。

主要研究方向为城乡建设管理。

研究内容为城乡安全与防灾、城市建设管理、城市管理与法规、乡村建设管理。

①城乡安全与防灾：安全城市提出了如何预防灾害、减少灾害带来的损失，使城市社会健康可持续地发展。

②城市建设管理：是规划进行土地使用和建设项目管理，主要是对各项建设活动实行审批或许可、监督检查以及对违法建设行为进行查处等管理工作。

③城市管理与法规：国家和地方立法机关或行政机关在职权范围内制定的有关城市规划的法律、法令、条例和规定等的总称，用以贯彻国家和地方当局有关城市发展的方针政策，保障城市规划的编制和实施。

| 小结 |

本章第一部分从城市的基本概念及其最初形成开始，阐述了不同阶段所取得的发展和布局特征以及影响城市发展的主要决定因素。城市形成之后其发展大致划分为三个阶段，并介绍了三个阶段过程中城市的发展特点以及影响因素。在文章中还介绍了城市化作为一种现象的一般概念和表现特征，城市化发展进程的一般规律是遵循S形曲线的三个阶段，当前中国已经进入了城市化的第二发展阶段，城市的规模和数量急剧扩张。

本章第二部分介绍了城乡规划理论本身的发展与变化过程，首先从中国古代“天人合一”到西方以古希腊、古罗马为代表的规划思想。其次是重点阐述了工业革命以来为应对各种城市矛盾而产生的一系列现代城市规划理论，主要包括田园城市、卫星城镇、《雅典宪章》、“邻里单位”、“有机疏散”、《马丘比丘宪章》、理性主义、城市设计、社会学与新马克思主义、全球化理论、可持续发展理论等，以及这些理论对社会所产生的影响并指出了城市规划面临的发展趋势。

本章最后阐述了城乡规划学的学科构成与工作内容。

| 重点及难点 |

城市的概念、城市历史化进程的阶段、城市化概念、城市化发展阶段及表现特征、城市规划思想、城市规划所面临的发展趋势。

| 作业 |

1.我国古代城市规划思想最早形成的年代？主要思想内容是什么？

2.中国历史上第一个全部按照城市规划修建的是哪个都城？

3.在中国古代，表示城市道路宽度的是什么？

4.城市发展分为哪两个阶段？

5.简述城市化的定义、阶段以及城市化进程的表现特征。

6.我国正处于城市化发展的哪一阶段？

7.简述田园城市、卫星城镇、邻里单位、有机疏散理论的内容。

8.简述《雅典宪章》《马丘比丘宪章》的核心规划思想。

2 城乡空间规划

2.1 城乡区域规划

2.1.1 区域的概念及特征

（1）区域的概念

在城乡规划学科中，区域是一个空间概念，是在地球表面占据一定空间，以不同物质客体为对象的地球结构形式。区域也是人类认识世界的一种方法，它是基于描述、分析、管理、计划或制定政策等目的而作为应用性整体加以考虑的一片地区。

一个区域内部的各个组成部分在特征上存在高度的相关性，依据这种相关性，区域可分为均质区和结节区。在城市中，均质区具有一致性和相似性，通常是指具有单一的面貌地域单元，如城市地区、乡村地区、生态保护区等。结节区是某一组织结构的一个或多个核（中心），以及围绕核（中心）的区域，如城市中心区、工业集聚地、大型交通枢纽等。结节区应具备三个主要的特性：核心、结节性和影响范围。核心即在区域中能够产生聚集性能的特殊地段，结节性即核心能在一定区域范围内对人口、物质、能量、信息等要素的交换产生聚集作用的程度，这些要素聚集的地域范围即为影响范围。

（2）区域的特征

①区域的可度量性和空间性。区域具有明确的范围和边界，可以在地图上被画出来，其面积可以度量。区域和区域之间的空间关系可用方位和距离描述。比如，中国的国界是由经纬度明确的界碑控制，国土面积可依据国界测量；中国位于亚洲东部，与俄罗斯、蒙古、印度等国相邻，他们之间的方位关系可描述为：俄罗斯、蒙古与中国北部接壤，印度与中国的西南部接壤。

②区域的系统性。区域是有系统的，区域的系统性反映在区域类型的系统性、区域层次的系统性和区域内部要素的系统性三个方面。以行政区域为例，我国分成省、自治区、直辖市、特别行政区等省级行政区域，以下分成市、州、地区等地级行政区，以下又可分成县、旗等县级行政区，以下又再分成乡、镇等乡级行政区，此三级为我国基本行政区。每一个区域都是上一级区域的局部，除了最基层的区域，每一个区域都由若干个下一级区域组成。

③区域的动态性。区域所处的环境会随着时间的变化而变化，按照相同的区域划分的标准，区域的边界也会不断变化。此外，由于研究目的不同，区域划分的角度、指标不同，区域的划分也不同。以俄罗斯为例，从政治文化的角度，俄罗斯被认为是欧洲国家，而由于俄罗斯大部分领土处在亚洲，所以从地理研究的角度，俄罗斯也常常被认为是亚洲国家。

④区域的不可重复性。按同一原则、同一指标划分的区域体系，同一层次的区域不应该重复，也不应该遗漏。行政区划分若出现重复，会造成地区管理混乱；如果划分有遗漏，就会出现空白区域，带来管理上的麻烦。

2.1.2 区域空间结构

区域空间结构是指各种经济、社会、文化活动在区域内的空间分布状态及空间组织形式。在城乡规划学科中，区域空间结构的基本要素包括点要素、线要素、网络要素和域面要素等。在区域规划层面上，点要素一般是指地域空间中重要的节点性城镇；线要素一般是指交通线路、通信线路、动力和水源供应线；网络要素是由相关的点和线相互连接所形成的，是连接空间结构中点与线的载体，例如交通网络、通信网络、能源供给网络等。面要素是指节点、线及它们之间组成的空间网络三者间的作用和影响在地表上的扩展，例如产业化地区。

由点、线、网络、面四种要素能组成七种区域空间模式，在区域地理空间有相应的表现形式，如表2-1所示。

表2-1　区域空间模式与表现形式

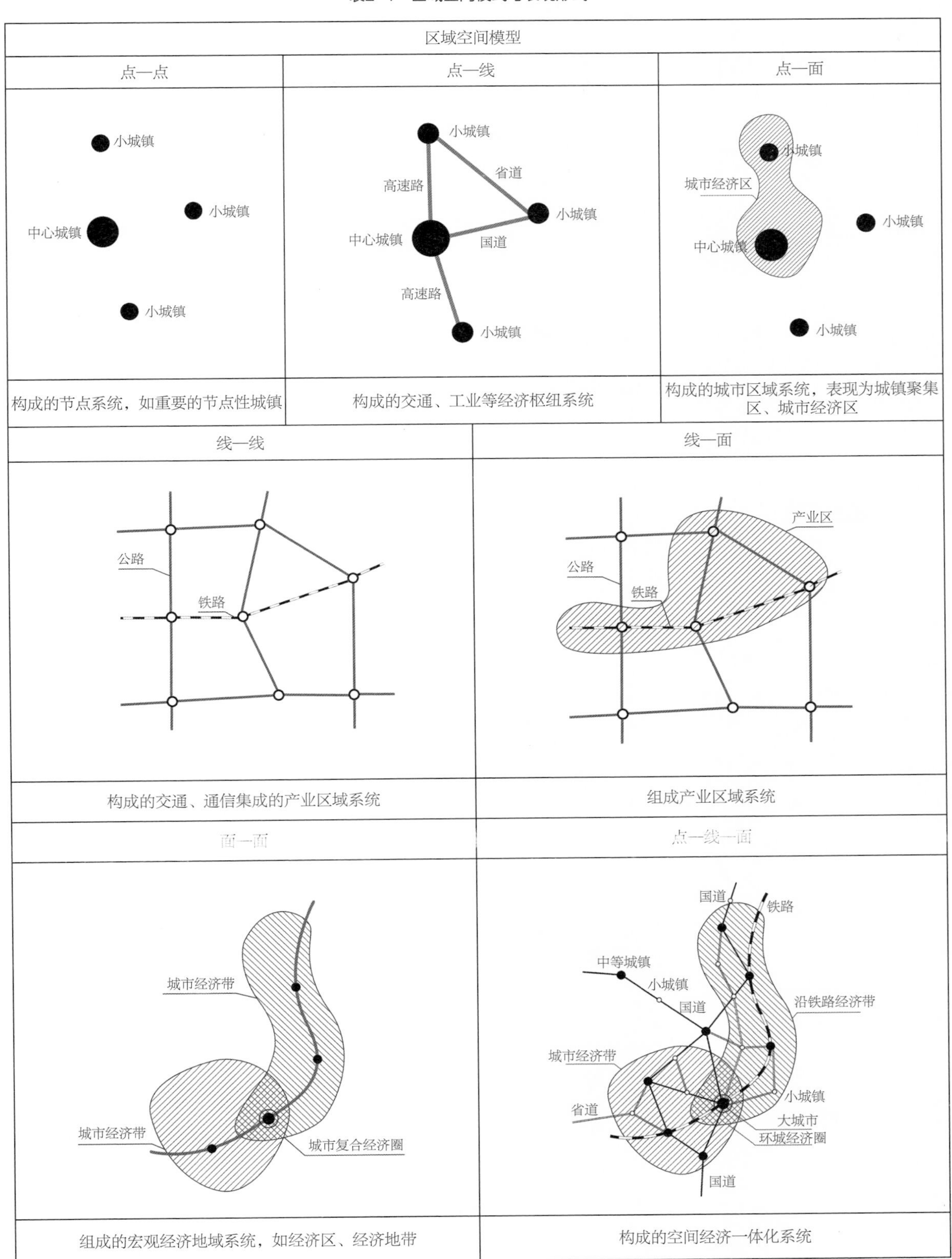

区域空间模型		
点一点	点一线	点一面
构成的节点系统，如重要的节点性城镇	构成的交通、工业等经济枢纽系统	构成的城市区域系统，表现为城镇聚集区、城市经济区
线一线	线一面	
构成的交通、通信集成的产业区域系统	组成产业区域系统	
面一面	点一线一面	
组成的宏观经济地域系统，如经济区、经济地带	构成的空间经济一体化系统	

2.1.3　区域规划的类型及内容

（1）区域规划的概念

区域规划是在一定地域范围内对国民经济建设和土地利用的总体部署。其他相近的对区域规划的定义还有：区域规划是指一定地域范围内对未来一定时期的经济社会发展和建设以及土地利用的总体部署；区域规划是为了实现某一地区一定时期内社会经济发展的总目标而制定的统筹安排。

（2）区域规划的类型

区域规划按照规划地域的结构特征、区域的行政管理属性的方法，划分有不同的规划类型。

①按照规划地域的结构特征，可以划分为枢纽区的区域规划、均质区的区域规划两种。枢纽区的区域规划的主要类型为城市地区的区域规划，规划的范围主要包括以大城市或特大城市为中心，包括周围若干中小城市或城镇的区域；均质区的区域规划是指均质区内部结构的主要特征指标基本一致，可根据其内部结构的特征来进一步细分并根据其特征确定规划的重点内容。

②按照区域的行政管理属性，可划分为按行政管理区域划分的区域规划、按区域发展轴线编制的跨行政区域的区域规划两种。前者主要是省域规划、地级市或地区规划、县域或县级市域规划，或是需要开展跨行政区的区域规划；后者常见的规划类型有以流域、交通、经济产业等为发展轴的区域规划。

由于划分方法不同，一个具体的区域规划可以从两个角度来确定它的规划类型。如《长江三角洲地区区域规划》（图2-1），从地域结构特征上来看，可将其看作以上海、南京、苏州、无锡、常州、镇江、扬州、泰州、南通、杭州、宁波、湖州、嘉兴、绍兴、舟山、台州16个城市为核心区的枢纽区城镇群规划；从行政管理属性上来看，又可看作覆盖泛长江三角洲，以多条现代服务和先进制造产业带为发展轴的区域规划。

又如《天津市国土规划》（图2-2），从地域结构特征上来看，可将其看作一种均质区的区域规划，因为它主要是对土地用途——单一地貌单元进行的国土开发和建设布局；从行政管理属性上来看，它又是

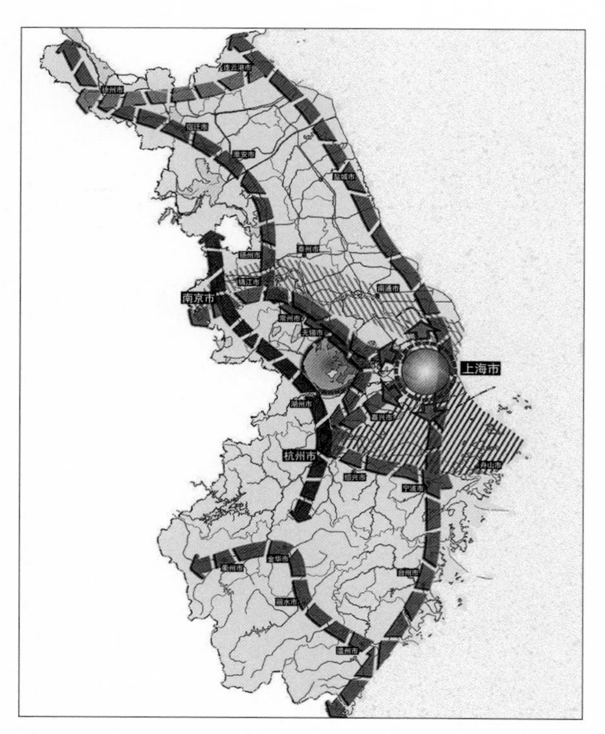

图2-1　长江三角洲地区区域规划总体布局图

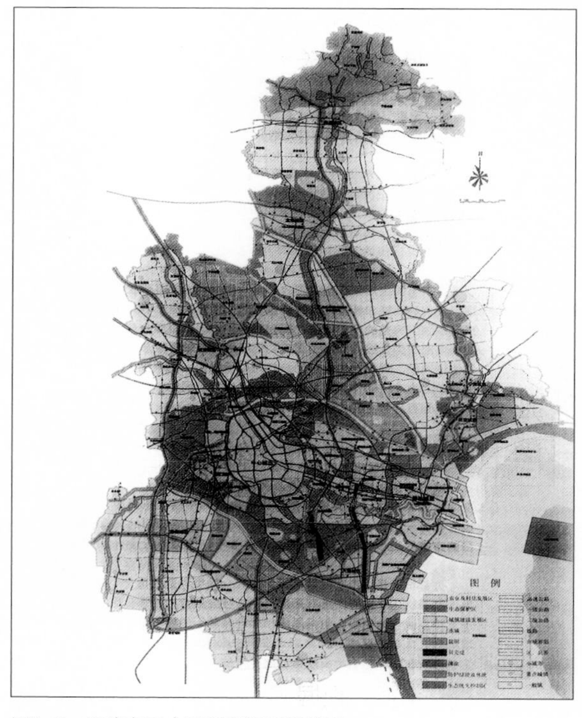

图2-2　天津市国土规划空间区划总图

针对天津市——省级行政区的区域规划。

（3）区域规划的内容

1）区域发展条件评价和发展定位。区域发展条件评价主要从自然资源、人口与劳动力和技术条件角度来明确区域的发展基础，评估发展潜力，为选择区域发展方向、调整区域产业结构和空间结构提供建议。区域发展定位的内容包括区域发展性质与功能定位，经济、社会和发展的目标定位等。

2）区域发展战略。区域发展战略是对区域整体发展的分析和判断，而制订的具有全局性的谋划，其核心是解决区域在某一阶段的基本发展目标和实现这一目标的途径。区域发展战略主要包括战略方针、战略模式、战略阶段、战略重点和战略措施等，并从经济发展、社会发展、城镇发展、生态发展的角度，制定区域空间发展战略。

3）经济结构与产业布局。经济结构包括生产结构、消费结构、就业结构等多方面的内容。产业的分类按照三次产业的分类方法，即按照生产力发展变化过程进行划分，分为第一产业、第二产业、第三产业。区域规划的重要内容之一就是分析研究区域产业结构的现状、存在的问题、影响和决定区域产业结构的主要因素，明确区域产业结构的发展趋势、产业之间的比例关系、确定区域的主导产业及产业链等。考虑各产业部门在地域空间上的相互关系与地域上的组合形式，协调好各产业部门的空间布局。

4）城乡居民点体系规划。区域城乡居民点体系规划包括城镇体系规划和乡村居民点体系规划两部分。

城镇体系规划在编制上介于区域规划与城市总体规划之间，对指导城市规划指导城市总体规划起重要作用。城镇体系规划一般分为全国城镇体系规划、省域（或自治区域）城镇体系规划、市域（包括直辖市、市和有中心城市依托的地区、自治州、盟域）城镇体系规划、县域（包括县、自治县、旗、自治旗域）城镇体系规划四个基本层次。城镇体系规划区域范围一般按行政区划定。规划期限一般为20年。

在市域范围内，城镇体系规划是指导城乡用地布局的重要依据。根据《城市用地分类与规划建设用地标准》（GB 50137-2011），城乡用地主要包括建设用地类别（代码H）与非建设用地类别（代码E）。建设用地包括城乡居民点建设用地、区域交通设施用地、区域公用设施用地、特殊用地、采矿用地等，非建设用地包括水域、农林用地以及其他非建设用地等（城乡用地分类和代码具体见附录1）。

城镇体系规划的基本内容包括确定区域城镇发展战略和总体布局；确定城镇体系等级规模结构、职能组合结构和地域分布结构以及城镇体系网络系统。

乡村居民点体系规划的基本内容包括依据区域城镇化发展的目标，明确区域内的农村人口容量，确定各级乡村居民点的人口配置双空间布局；确定各等级乡村居民点的功能定位；配置相应的社会服务设施和市政基础设施；确定乡村居民点发展和完善的策略等。

5）区域基础设施布局规划。区域基础设施具有公共性、系统性、超前性等特点。基础设施可分为工程性基础设施和社会性基础设施两大类。区域基础设施布局规划应考虑持续发展、生态环境优先、适当超前和讲求效益等原则。

6）区域生态与环境保护规划。区域规划中的生态环境保护规划的内容主要有：调查、分析区域生态环境质量现状与存在的问题，区域空间的生态适宜性评价，分析生态环境对区域经济社会发展可能的承载能力，制订区域生态环境保护目标和总量控制规划，进行生态环境功能分区，提出生态环境保护、治理和优化的对策等。

7）空间管治与协调规划。空间管治分区，分为已建区、禁止建设区、限制建设区和适宜建设区，各分区实施不同的开发建设管制要求，以指导城市开发建设。主要依据是区域生态环境保护规划，尤其是区域空间生态适宜性的评价结果。协调的重点是区域功能分区、基础设施的共建共享和生态环境建设等（表2-2）。

8）区域政策与实施措施。区域政策可以从层次和性质两个方面进行划分。从层次上看，区域政策分为宏观政策和微观政策；从性质上看，区域政策分为支持性政策和限制性政策。区域规划中的政策研究应注意与国家其他政策之间的相互协调一致。

表2-2　城乡空间管治的"四区"划分参考

类　型	要　素	禁止建设区	限制建设区	适宜建设区中的低密度控制区
自然与文化遗产	自然保护区	核心区	非核心区	
	风景名胜区	核心区	一、二级区	三级区
	历史文化保护区	文保单位保护范围	文保单位建设控制地带、历史文化街区、地下文物富集区	环境协调区
绿线控制	基本农田	基本农田保护区		
	河湖湿地	河湖湿地绝对生态控制区	河湖湿地建设控制区	
	绿地	城区绿线控制范围、铁路级城市干道绿化带	绿化隔离地区、生态保护林带、经济林、森林公园、退耕还林区	城市生态绿地
水源保护	地表饮用水源保护区	一级保护区	二级保护区	三级保护区
	地下水源保护区	核心区	防护区	补给区
	地下水超采区			
生态安全	蓄滞洪区		蓄滞洪区	
	地质环境		不适宜和较不适宜区	
	山区泥石流	高易发区	中易发区	
	山体	坡度大于25%或相对高度超过250 m	坡度介于15%～25%的山体及其他山体保护区	
其他	大型市政通道	大型市政通道控制带	机场噪声控制区	
	矿产资源区	禁止开采区	限制开采区和允许开采区	

（全国城市规划执业制度管理委员会. 科学发展观与城市规划[M]. 北京：中国计划出版社，2007：296.）

2.2　城市总体规划

2.2.1　城市总体规划的基本概念

城市总体规划是指城市人民政府依据国民经济和社会发展规划以及当地的自然环境、资源条件、历史情况、现状特点，统筹兼顾、综合部署，为确定城市规模和发展方向，实现城市的经济和社会发展目标，合理利用城市土地，协调城市空间布局等所作的一定期限内的综合部署和具体安排。城市总体规划是城市规划编制工作的第一阶段，也是城市建设和管理的依据。

城市总体规划期限一般为20年。其中建设规划一般为五年，是实施总体规划的阶段性规划。

城市总体规划作为指导城市战略性发展规划，应制定城市发展战略目标、重点与措施，城市职能，城市性质，城市规模等相应内容。同时，城市总体规划作为指导城市建设性发展规划，应对城市的选址和发展趋势、生产生活各种功能和用地进行合理的布局、分配与组织。

2.2.2　城市总体规划的主要内容

（1）城市发展战略

城市发展战略是对城市经济、社会、环境的发展所作的全局性、长远性和纲领性的谋划，包含战略目标、战略重点、战略措施三部分。

战略目标是发展战略的核心，是在城市发展战略和城市规划中拟定的一定时期内社会、经济、环境的发展应选择的方向和预期达到的指标；战略重点是指对城市发展具有全局性或关键性意义的问题，通常表现在城市竞争中的优势领域、城市发展中的基础性建设、城市发展中的薄弱环节、城市空间结构和拓展方向；战略措施是实现战略目标的步骤和途径，通常包括基本产业政策、产业结构调整、空间布局的改变、空间开发的顺序、重大工程项目的安排等方面。如《重庆市城乡总体规划（2007—2020年）》中，重庆市提出的发展战略共五项，包括城乡统筹发展战略、区域协调发展战略、内外开放发展战略、可持续发展战略和两江新区引领战略。

（2）城市性质与职能

城市性质是指城市在一定地区、国家以至更大范围内的政治、经济与社会发展中所处的地位和所担负的主要职能。城市性质是城市建设的总纲，确定城市性质是总体规划的首要内容。城市性质的依据由三个方面来认识和确定：城市的宏观综合影响范围和地位、城市的主导产业结构、城市的其他主要职能和特点。城市性质的表述应简明扼要、突出特色，避免罗列（表2-3）。

表2-3　部分城市总体规划提出的城市性质

级　别	城市名称	时　间	城市性质
直辖市	北京	2004	北京是中华人民共和国的首都，是全国的政治中心、文化中心，是世界著名古都和现代国际城市
	上海	2001	上海是我国重要的经济中心和航运中心，国家历史文化名城，并将逐步建成社会主义现代化国际大都市，国际经济、金融、贸易、航运中心之一
	天津	2006	天津市是环渤海地区的经济中心，要逐步建设成为国际港口城市、北方经济中心和生态城市
	重庆	2007	重庆市是我国重要的中心城市之一，国家历史文化名城，长江上游地区经济中心，国家重要的现代制造业基地，西南地区综合交通枢纽
省会城市	拉萨	2009	拉萨市是西藏自治区首府，国家历史文化名城，具有高原和民族特色的国际旅游城市
	杭州	2007	杭州市是浙江省省会和经济、文化、科教中心，长江三角洲中心城市之一，国家历史文化名城和重要的风景旅游城市
	西安	2008	西安市是陕西省省会，国家重要的科研、教育和工业基地，我国西部地区重要的中心城市，国家历史文化名城
	成都	2005	成都是四川省省会，中国西部重要中心城市之一，西南地区科技、金融、商贸中心和交通、通信枢纽，国家历史文化名城和旅游中心城市
	石家庄	2000	石家庄市是河北省省会，华北地区重要商埠，全国医药工业基地之一
	长春	2005	长春市是吉林省省会，东北地区中心城市之一，全国重要的汽车工业、农产品加工业基地和科教文贸城市
	太原	2000	太原市是山西省省会，是以能源、重化工为主的工业基地，华北地区重要的中心城市之一
	海口	2005	海南省省会，全省中心城市，具有热带海岛风光的生态花园城市，健康型宜居城市，滨海旅游度假休闲胜地
地级城市	大连	2004	大连是我国北方沿海重要的中心城市和港口、旅游城市
	无锡	2009	无锡市是长江三角洲的中心城市之一，国家历史文化名城，重要的风景旅游城市
	苏州	2007	苏州市是国家历史文化名城和风景旅游城市，国家高新技术产业基地，长江三角洲重要的中心城市之一
	湘潭市	2010	湘潭市是长株潭地区中心城市之一，湖南省重要的工业、科技和旅游城市
	徐州市	2007	徐州市是陇海—兰新经济带东部的中心城市，国家历史文化名城
	株洲	2006	株洲市是湖南省重要的工业城市，长株潭地区重要的交通枢纽和中心城市之一
	淮北	2006	淮北市是安徽省东北部地区的中心城市，国家重要的能源城市
	宁波	2006	宁波市是我国东南沿海重要的港口城市，长江三角洲南翼经济中心，国家历史文化名城
	洛阳	2002	洛阳市是国家历史文化名城，著名古都和旅游城市，河南省西部中心城市和交通枢纽
	丹东	2002	丹东市是辽宁省重要的边境口岸、港口城市和辽东地区的中心城市
	锦州	2001	锦州市是辽宁省重要的工业、港口城市，辽宁省西部地区的中心城市
	本溪	2001	本溪市是辽宁省东部的中心城市，是以钢铁、化学工业为主的综合性工业城市
	齐齐哈尔	2001	齐齐哈尔市是东北地区重要的工业基地和商品粮基地之一，黑龙江省西部中心城市
	淄博	2000	淄博市是全国重要的石油化工基地，山东省的中心城市之一
	包头	2000	包头市是内蒙古自治区的经济中心之一，是我国以冶金、稀土、机械工业为主的综合性工业城市
	厦门	2000	厦门市是我国经济特区，东南沿海重要的中心城市，港口及风景旅游城市
	郴州	2005	湘南地区重要的中心城市，湖南省重要的有色金属、能源、电子工业基地和风景旅游地，省级历史文化名城
	淮南	2005	皖北地区重要中心城市，以煤炭、电力、煤化工为主的工业城市，国家能源基地
	宜昌	2005	世界著名的水电能源基地和旅游名城，长江中上游的区域性中心城市，湖北省域副中心城市

（吴志强，李德华. 城市规划原理[M]. 北京：中国建筑工业出版社，2010：265-266.）

表2-4　城市职能划分

行政中心职能		首都、省会城市、地区中心城市、县城、片区中心乡镇	
经济职能	综合性中心城市	国际或全国性中心城市	如北京、上海、天津、重庆等
		区域性或省域中心城市	如成都、合肥、石家庄等
	某种经济职能	工业城市	如石油化工城市——东营市、玉门市、茂名市等；矿业城市——平顶山市、淮南市等
		商贸城市	如义乌市等
		交通城市	如铁路枢纽城市——徐州市、阜阳市等；海港城市——大连市、连云港市等
其他特殊职能划分城市	科研、教育城市	中国科技城——绵阳市	
	历史文化名城	根据《中华人民共和国文物保护法》，截至2013年9月，国务院已审批的历史文化名城共有122座	
	风景旅游和休疗养城市	如桂林市、北戴河市、黄山市、三亚市等	
	边贸城市	如二连浩特、满洲里、景洪市、伊宁市等	
	经济特区	如深圳市、珠海市等	

（吴志强，李德华. 城市规划原理[M]. 北京：中国建筑工业出版社，2010：262—263.）

表2-5　城市人口预测方法

	方　法	公　式
综合增长率法	综合增长率法是以预测基准年上溯多年的历史平均增长率为基础，预测规划目标年城市人口的方法	$P_n=P_0(1+R)^n$ 其中：P_n为预测目标年末人口规模；P_0为预测基准年人口规模；R为人口综合年均增长率；n为预测年限（t_n-t_0）
时间序列法	时间序列法是通过建立城市人口与年份之间的线性和非线性关系来预测未来人口规模；在城市规划人口预测时，多以年份作为时间单位，一般采用线性相关模型	$P_1=a+bY_1$ 其中：P_1为预测目标年末城市人口规模；Y_1为预测目标年份；a，b为线性参数（回归模型中a，b拟合方程R_2值应大于0.7）

备注：该表内容参照 吴志强，李德华. 城市规划原理[M]. 北京：中国建筑工业出版社，2010：124.

城市职能是指城市在一定地域内的经济、社会发展中所发挥的作用和承担的分工。城市职能分类以行政中心职能、经济职能和其他特殊职能划分为主（表2-4）。

（3）城市规模

城市规模是指以城市人口总量和城市用地总量所表示的城市的大小，包括人口规模和用地规模两个方面。城市的规模决定城市的用地及布局形态。城市用地规模的多少和各项设施的内容、指标和数量，与城市人口的数量与构成有着密切的关系。

城市人口规模预测是指以人口现状为基础，对未来人口的发展趋势提出合理的控制要求和假定条件。我国城市类型多，劳动构成和人口增长又各有特点，各地有关人口资料的完备程度也不同，预测城市人口规模的方法不能强求一致，可以以某几种方法为主，辅以其他方法校核。特别是与当地环境承载力、生态环境容量相校核，最终确定城市未来人口规模。（城市人口预测的综合增长率法和时间序列法如表2-5所示）。

城市用地规模预测一般采用将人均城市建设用地与预测年限城市人口规模相乘的方式予以确定。即

$$S_n=P_n\times S_a$$

其中：S_n为预测年限的城市用地规模；

P_n为预测年限的城市人口；

S_a为人均城市建设用地。

人均城市建设用地指标按照《城市用地分类与规划建设用地标准》（GB 50137—2011）中的规定：除首都以外，现有城市规划人均城市建设用地指标，应根据现状人均城市建设用地规模、城市所在的气候分区以及规划人口规模确定（详见附录2）。其中，新建城市的规划人均城市建设用地指标应为85.1 ~ 105.0 m^2/人，首都的规划人均城市建设用地指标应为105.1 ~ 115.0 m^2/人。

（4）城市用地

1）城市用地分类与构成

城市建设用地是指城市和县人民政府所在地镇内的居住用地、公共管理与公共服务用地、商业服务业设施用地、工业用地、物流仓储用地、交通设施

用地、公用设施用地、绿地，如表2-6所示。这8大类城市建设用地细分为35中类、44小类。

表2-6 城市建设用地分类

类别代码	类别名称
R	居住用地
A	公共管理与公共服务用地
B	商业服务业设施用地
M	工业用地
W	物流仓储用地
S	交通设施用地
U	公用设施用地
G	绿地

《城市用地分类与规划建设用地标准》（GB 50137—2011）。

城市用地构成按照行政隶属的等次可分为市区、地区、郊区等。按照功能用途的组合可分为工业区、居住区、市中心区、开发区等。 城市用地也可因为某种功能需要而由用途相容的多种用地混合构成。

不同规模的城市和不同的城市区域，因各种功能内容的不同，其构成形态也不一样。如大城市和特大城市由于城市功能多样，在行政区划上常有多重层次的隶属关系，如市辖县、建制镇、一般镇等，在地理上有中心城区、近郊区、远郊区等（图2-3）。不同城市的功能构成受到外界环境的影响，也可能具有自身的特征。

在总体规划层面，我国目前执行的《城市用地分类与规划建设用地标准》规定了规划人均单项城市建设用地标准以及规划城市建设用地结构（表2-7）。

表2-7 规划建设用地结构

类别名称	占城市建设用地的比例/%
居住用地	25.0 ～40.0
公共管理与公共服务用地	5.0 ～ 8.0
工业用地	15.0 ～ 30.0
交通设施用地	10.0 ～ 30.0
绿地	10.0 ～ 15.0
工矿城市、风景旅游城市以及其他具有特殊情况的城市，可根据实际情况具体确定	

《城市用地分类与规划建设用地标准》（GB 50137—2011）。

2）城市用地评价与发展方向的确定

城市用地评价是对城市土地的建设可行性、用途、需要投入的资金，以及经济、社会和环境因

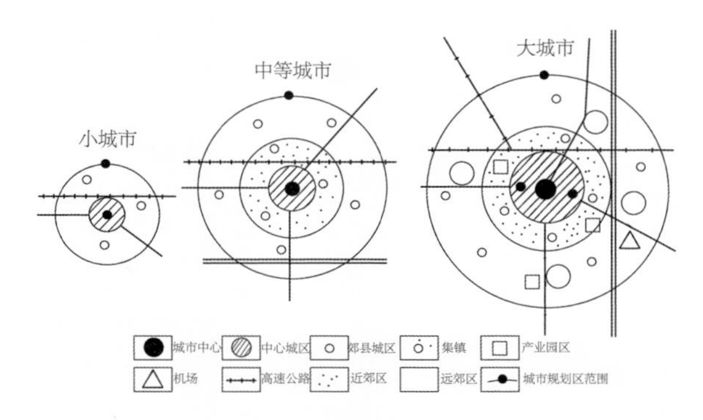

图2-3 城市用地的功能构成示意图

素对城市生态平衡的影响所作的评价。一般分为三类：一类用地是指用地的工程地质等自然环境条件比较优越，能适应各项城市设施的建设需要，一般不需或只需稍加采用工程措施即可用于建设的用地；二类用地是指需要采取一定的工程措施改善条件后才能修建的用地，它对城市设施或工程项目的分布有一定的限制；三类用地是指不适于修建的用地。现代工程技术基本上没有绝对难以修建的用地，所谓不适于修建的用地是指用地条件极差，必须付以特殊工程技术措施后才能用作建设的用地。

用地类别的划分是需要按各地区的具体条件相对来拟定的，如甲城市的一类用地在乙城市可能只是二类用地。同时，类别的多少也要视环境条件的复杂程度和规划的要求来确定，如有的分四类，有的只需二类即可。

用地评定的内容、方法与深度不仅要考虑到工程建设与经济方面的影响，同时也要考虑到生态系统、自然景观等环境条件的需求。生态和地理系统脆弱、敏感、受到损坏不可修复的区域应直接被划入“禁建区”范围，而其周边则划定一定范围的缓冲空间和防护空间作为限建区（关于“禁建区”和“限建区”的具体划分参见本章区域规划中城乡空间管治的相关内容）。

城市发展方向是指城市各项建设规模需求扩大所引起的城市空间地域扩展的主要方向。确定城市发展方向需要以用地的适用性评价为基础，对城市发展用地作出合理选择。对新建城市就是选定城址，对老城市则是确定城市用地的发展方向。城市城市用地选择的有以下几点基本要求：选择有利的自然条件、尽量少占耕地农田、保护自然和历史资源、满足重大建设项目的要求、要为城市合理市局

和长远发展创造良好条件。

2.2.3 城市总体布局

（1）总体布局基本原则

城市总体布局是城市的社会、经济、环境以及工程技术与建筑空间组合的综合反映。确定城市总体布局是总体规划工作的重要内容，它是在城市发展纲要基本明确的条件下，在城市用地评定的基础上，对城市各组成部分进行统筹兼顾、合理安排，使其各得其所、有机联系。城市总体布局的合理性，关系到城市建设与管理的整体有序性、经济性，关系到长远的社会效益与环境效益。

城市总体布局一般要考虑以下几个方面的基本原则：立足区域、讲求整体，节约紧凑、强化结构，近远结合、弹性生长，保护环境、突出特色。

（2）总体布局的空间类型

城市总体布局按照城市的用地形态和道路骨架形式，可以大体上归纳为集中和分散两大类。

集中式的布局是城市各项主要用地集中成片布置。这样布局的城市各项用地紧凑、节约，有利于保证生产生活联系的效率，并为居民提供优质的生活。一般情况下，中小城市的总体规划应采用这种布局方式。集中式布局可进一步划分为网格状、环形放射状等类型。

网格状城市是最为常见和传统的空间布局模式，由相互垂直的道路网构成城市，形态规整，易于适应各类建筑物布置。但如果处理得不好，也易导致布局上的单调。这种城市形态一般适用于平原地区的城市。主要案例城市如巴塞罗那（图2-4）、洛杉矶等。

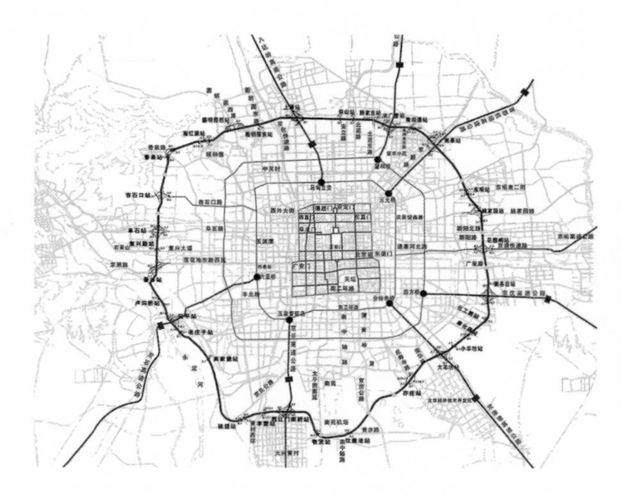

图2-5　北京环形放射状城市布局示意图

环形放射状布局适用于大、中型城市。由放射形和环形的道路网组成的城市交通网络的通达性较好，有很强的向心发展的趋势，往往具有高密度的、展示性、富有生命力的市中心。这类形态的城市易于利用放射道路组织城市的轴线系统和景观，但最大的问题在于有可能造成市中心的拥挤，同时用地规整性较差，不利于建筑的布置。主要案例城市如北京（图2-5）、巴黎等。

分散式布局最主要的特征是城市空间呈现非集聚的分布方式，包括带状、指状、环状、卫星状、多中心与组群城市等多种形态。

带状形态的城市大多是由于受地形的限制，城市被限定在一个狭长的地域空间内，沿着一条主要交通轴线两侧呈长向发展。其平面景观和交通流向的方向性较强。这种城市规模应有一定的限制，不宜过长，否则交通物耗过大。主要案例城市如兰州

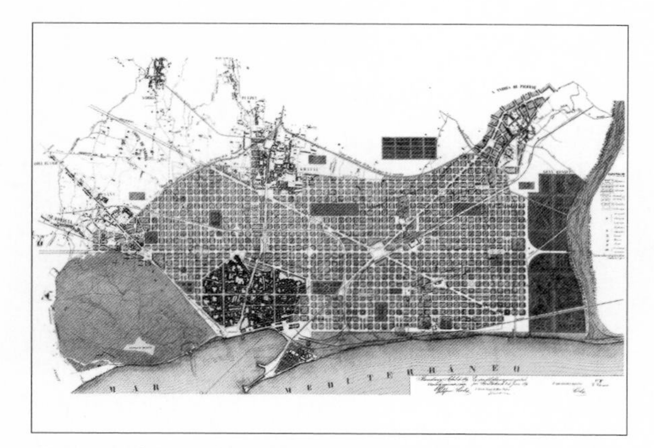

图2-4　巴塞罗那网络状城市布局示意图

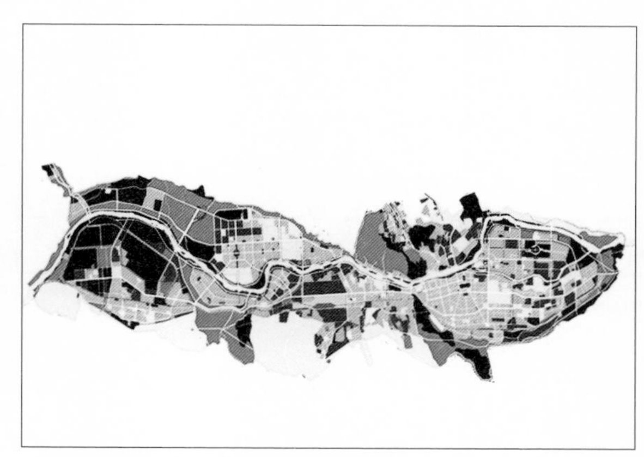

图2-6　兰州市带状城市布局示意图

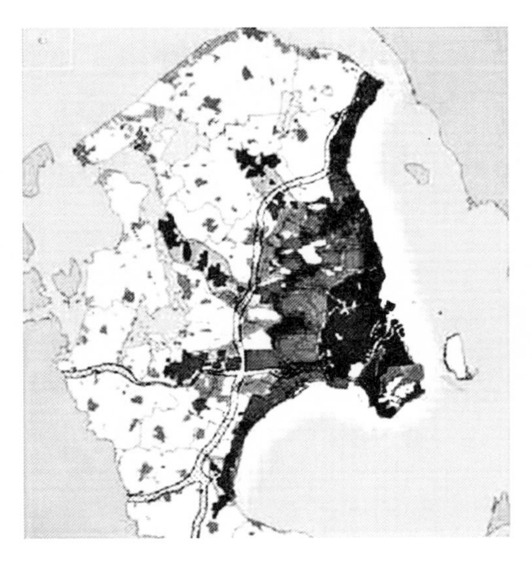

图2-7　哥本哈根指状城市布局示意图

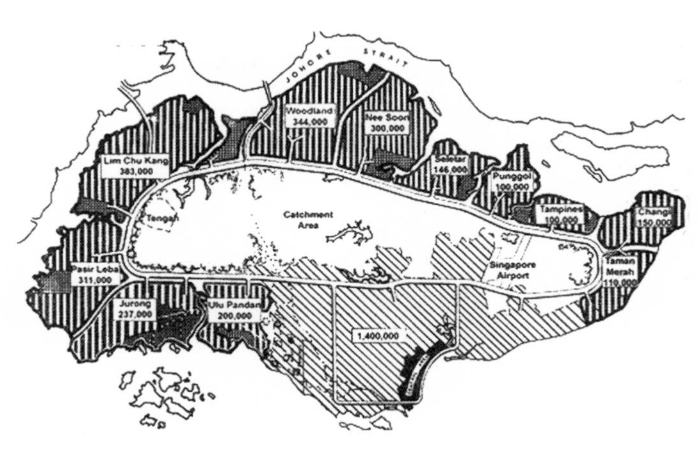

图2-8　早期新加坡城环形城市布局示意图

（图2-6）、深圳等。

指状形态的城市通常是从城市的核心地区出发，沿多条交通走廊定向向外扩张，其形成的空间形态发展走廊之间保留大量的非建设用地。这种形态可以看成环形放射城市的基础上叠加多个线形城市形成的发展形态。放射状、大运量公共交通系统的建立对这一形态的形成具有重要影响，加强对发展走廊非建设用地的控制是保证这种发展形态的重要条件。主要案例城市如哥本哈根（图2-7）。

环状城市布局一般围绕着湖泊、山体、农田等核心要素呈环状发展。环形的中心部分以自然空间为主，可为城市创造优美的景观和良好的生态环境条件。但除非有特定的自然条件限制或严格的控制措施，否则城市用地向环状的中心扩展的压力极大。典型案例如新加坡（图2-8）、浙江台州、荷兰兰斯塔德地区等。

组团状城市布局是指一个城市分成若干块不连续城市用地，每块之间被自然要素分割。这类城市的规划布局可根据用地条件灵活编制，比较好处理城市发展的近、远期关系，容易接近自然并使各项用地各得其所。关键是要处理好集中与分散的“度”，既要合理分工、加强联系，又要在各个组团内形成一定规模，使功能和性质相近的部门相对集中地分块布置。组团之间必须有便捷的交通联系。主要案例如重庆（图2-9）等。

图2-9　重庆市组团状城市布局图

（3）城市总体布局的内容

1）城市主要功能要素布局

合理组织城市用地功能是城市总体布局的核心。按照各类用地的功能要求以及其相互之间的关系，合理组织城市主要功能要素布局，如城市居住与生活系统的布局、城市工业生产用地的布局、城市公共设施系统的布局、城市道路交通系统的布局、城市绿地与开敞空间系统的布局等。

2）城市整体结构的控制

总体布局过程中应从整体的角度，研究城市整体结构的组织原则。城市整体结构控制的重点有以下几点：土地使用与交通系统的整合、城市分区与组合关系、城市中心体系与城市形态的关系、各类保护地区与城市布局的关系、空间资源配置的时序关系。

2.2.4 城市总体规划编制

（1）总体规划编制的技术要求与程序

1）总体规划编制的技术要求

总体规划编制的技术要求包括总体规划编制内容的要求、总体规划编制的依据、总体规划涉及的规划范围三个方面。

总体规划包括城市总体规划和镇总体规划。城市总体规划包括市域城镇体系规划和中心城区规划。大、中城市根据需要，可以在总体规划的基础上组织编制分区规划。每个城市还应当在总体规划的基础上单独编制近期建设规划。

总体规划编制的依据：遵循国家政策的要求，遵循《城乡规划法》《土地管理法》《环境保护法》等相关法规。充分考虑上位规划的要求，特别是全国城镇体系规划、省域城镇体系规划的要求，与省市国民经济和社会发展规划、土地利用总体规划、环境保护规划等其他相关规划的协调。要与城市的经济、人文、社会、地理、历史沿革等方面相协调。

2）总体规划的制定程序

总体规划的制定程序包括总体规划编制的组织程序、总体规划编制的工作程序、总体规划的审批程序三部分。

总体规划编制的组织程序是指城市人民政府负责组织编制城市总体规划和城市分区规划。具体工作由城市人民政府城乡规划主管部门承担；总体规划编制的工作程序包括组织前期研究，按规定提出开展编制工作的报告；组织编制城市总体规划纲要，按规定提请审查；依据国务院建设主管部门或者省、自治区建设主管部门提出的审查意见，组织编制城市总体规划成果，按法定程序报请审查和批准；总体规划的审批程序应依据《城乡规划法》总体规划实行分级审批制度，执行严格的分级审批过程和要求。

（2）总体规划的编制内容

总体规划编制可以从工作阶段和规划内容两个方面进行划分。

从工作阶段上可以分为总体规划编制的前期工作、总体规划纲要的编制和总体规划技术成果的编制三个阶段。总体规划编制的前期工作包括基础资料的收集与调研、总体规划编制的前期研究；总体规划纲要的编制包括城镇体系规划的编制、中心城区规划的编制、近期建设规划的编制；总体规划技术成果的编制包括规划文本、图纸以及相应的说明附件。

从总体规划内容上，可以分为城镇体系规划、中心城区规划、近期建设规划及专项规划四个组成部分。

1）城镇体系规划的编制

城镇体系规划区域范围一般按行政区划划定，分为全国城镇体系规划、省域城镇体系规划、市域城镇体系规划、县域城镇体系规划四个基本层次。据国家和地方发展的需要，可以编制跨行政地域的城镇体系规划。市域和县域城镇体系规划在具体的操作过程中被纳入所在地域中心城市的总体规划一并编制审批。

2）中心城区规划的编制

中心城区是城市发展的核心地域，包括规划城市建设用地和近郊地区（图2-10）。中心城区规划的编制要从城市整体发展的角度上，统筹安排城市各项建设。在以下几个方面体现城市规划工作的特点。首先，要体现城市规划对中心城区建设和发展所具有的引导和控制功能，既要从发展需求的角度合理安排城市的功能和布局，同时要处理好保护和发展关系问题，对各类资源和环境实施有效保护和空间管制并以强制性规定加以明确。其次，在提高中心城区发展效率的同时，要充分关注社会的公共利益，在居住、交通及公益性公共服务和基础设施配置等方面体现城市规划的公共政策属性。第三，要处理好前瞻性和操作性的关系。既要从长远角度提出中心城区发展的重点和方向，同时要从规划实施和控制角度，明确规划管理的标准和任务，为保证规划落实提供依据。

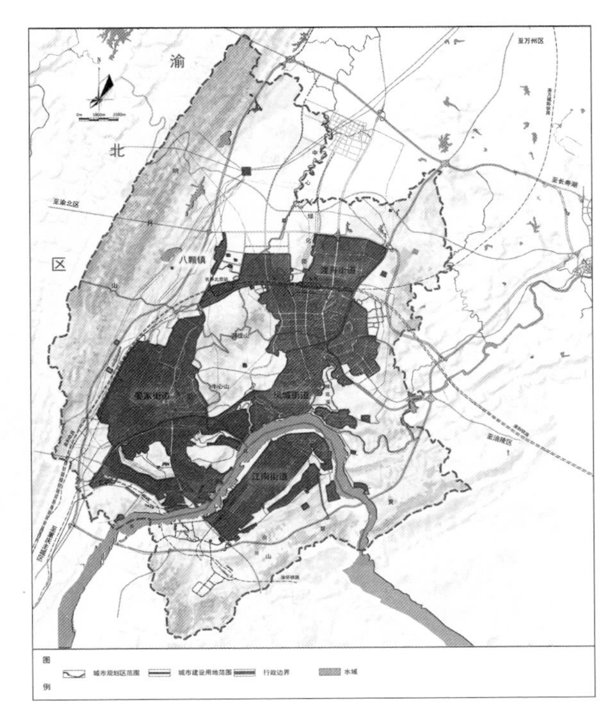

图2-10 城市规划区及建设用地范围图

3）近期建设规划编制

近期建设规划主要依据城市总体规划要求，确定近期建设目标、内容和实施部署，并对城市近期内的发展布局和主要建设项目作出安排。近期建设规划的规划期限为五年，原则上应与国民经济和社会发展规划的年限一致并不得违背城市总体规划的强制性内容。近期建设规划的成果应当包括规划文本、图纸以及相应的说明附件。在规划文本中应当明确表达规划的强制性内容。

4）城乡专项规划编制

城乡专项规划是对城市要素中系统性强、关联度大的内容或对城市整体、长期发展影响巨大的建设项目，进行空间布局规划。其内容包括规划原则、发展目标、规划布局、近期建设规划和实施建议措施等。

根据2005年颁布的《城市规划编制办法》中的规定："城市总体规划应当明确综合交通、卫生、绿地系统、河湖水系、历史文化名城保护、地下空间、基础设施、综合防灾等专项规划的原则。编制各类专项规划，应当依据城市总体规划。"（具体参见本书第3章：城乡专项规划）。

2.3 控制性详细规划

2.3.1 控制性详细规划的编制

（1）控制性规划内容

控制性详细规划是以城市总体规划或分区规划为依据，确定建设地区的土地使用性质、使用强度等控制指标、道路和工程管线控制性位置以及空间环境控制的规划。

控制性详细规划编制的目标是指在城市总体规划的指导下，制定所涉及的城市局部地区、地块的具体目标，并提出各项规划管理控制指标，直接指导各项建设活动。具体表现：明确所涉及地区的发展定位，与上位的城市总体规划、分区规划中的相应内容相衔接，使之能够进一步分解和落实，确定该地区在城市中的分工；依据上述发展定位，综合考虑现状问题、已有规划、周边关系、未来挑战等因素，制定所涉及地区的城市建设各项开发控制体系的总体指标，并在用地和公共服务设施、市政公用设施．环境质量等方面的配置上落实到各地块，为实现所涉及地区的发展定位提供保障；为各地块制定相关的规划指标，作为法定的技术管理工具，直接引导和控制地块内的各类开发建设活动。

（2）控制性规划程序

控制性规划编制的程序主要有以下两点：任务书的编制和编制过程与工作要点。任务书的编制包括任务书的提出和任务书的编制；编制工作一般分为五个阶段：项目准备阶段，现场踏勘与资料收集阶段，方案设计阶段，成果编制阶段，上报审批阶段。

（3）控制性规划相关指标

控制性详细规划的管理是通过指标的制定来实现的，其核心内容是其各项控制指标。可以分为规定性控制指标和引导性控制指标两大类、12小项（表2-8）。

规定性指标是指必须遵照执行，不能更改的指标，包括用地性质、用地面积、建筑密度、建筑限高（上限）、建筑后退红线、容积率（单一或区间）、绿地率（下限）、地块交通出入口方位（机动车、人流、禁止开口路段）、社会停车场库、配建停车场库及公建配套项目（中小学、幼托、环卫、电力、电信、燃气设施等）。

表2-8 控制性详细规划控制指标一览表

编号	指标	分类	注解
1	用地性质	规定性	
2	用地面积 / 边界	规定性	
3	容积率	规定性	
4	建筑密度	规定性	
5	建筑限高	规定性	用于一般建筑 / 住宅建筑
6	绿地率	规定性	
7	公建配套项目	规定性	
8	建筑后退	规定性	用于沿道路的建筑和地块之间的建筑
9	社会停车场库	规定性	用于城市分区、片的社会停车
10	配建停车场库	规定性	用于住宅、公建地块的配建停车
11	地块出入口方位、数量和允许开口路段	规定性	
12	建筑形式、风格、体量、色彩等城市设计内容	引导性	主要用于重点地段、文物保护区、历史街区、特色街道、城市公园以及其他城市开敞空间周边地区

（吴志强，李德华. 城市规划原理[M]. 北京：中国建筑工业出版社，2010：302.）

指导性指标（引导性指标）是指该指标是参照执行的，并不具有强制约束力，包括建筑形式、风格、体量、色彩要求等。

1）用地性质

用地性质是对城市规划区内的各类用地所规定的使用用途。用地性质包含两方面的意思：一是土地的实际使用用途，如绿地广场等；二是附属于土地上的建(构)筑物的使用用途，如商业用地、居住用地等。大部分用地的使用性质需要通过土地上的附属建构筑物的用途来体现。

用地性质是一项非常重要的用地控制指标，关系到城市的功能布局形态。用地性质的划分应依据国家标准《城市用地分类与规划建设用地标准》（GB 50137—2011）或相关地方标准来确定。

2）用地面积/边界

用地面积，即建设用地面积，是指由城市规划行政部门确定的建设用地边界线所围合的用地水平投影面积。用地面积是规划用地边界围合的面积，用地边界是规划用地与道路或其他规划用地之间的分界线，用来划分用地的范围边界。

地块用地边界的划分一般有如下原则：严格根据总体规划和其他专业规划，根据用地部门、单位划分地块；尽量保持以单一性质划定地块；建议每一个地块至少有一边和城市道路相邻；结合自然边界、行政界线划分地块；考虑地价的区位级差；规划地块划分应尊重地块现有的土地使用权和产权边界；满足标准厂房、仓库、综合市场等特殊功能要求；有利于保护文物古迹和历史街区，对于文物古迹风貌保护，建筑及现状质量较好、规划给予保留的地段可单独划块不再给定指标。规划地块划分必须满足“专业规划线”（图2-11、表2-9）的要求。

3）容积率

容积率又称楼板面积率，或建筑面积密度，是衡量土地使用强度的一项指标，英文缩写为FAR，

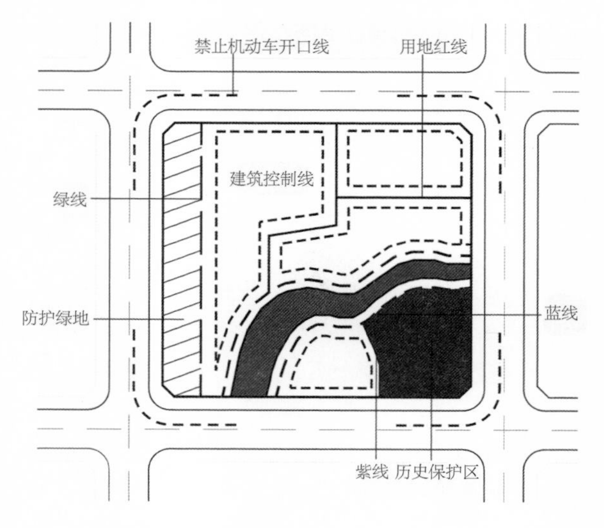

图2-11 城市用地的功能构成示意图

表2-9 规划控制线一览表

线形名称	线形作用
红线	道路用地和地块用地边界线
绿线	生态、环境保护区域边界线
蓝线	河流、水域用地边界线
紫线	历史保护区域边界线
黄线	城市基础设施用地边界线
禁止机动车开口线	保证城市主要道路上的交通安全和通畅
机动车出入口方位线	建议地块出入口方位、利于疏导交通
建筑基底线	控制建筑体量、街景、立面
裙房控制线	控制裙房体量、用地环境、沿街面长度、街道公共空间
主体建筑控制线	延续景观道路界面、控制建筑体量、空间环境、沿街面长度、街道公共空间
建筑架空控制线	控制沿街界面连续性
广场控制线	控制各种类型广场的用地范围、完善城市空间体系
公共空间控制线	控制公共空间用地范围

（夏南凯，田宝江.控制性详细规划[M]. 上海：同济大学出版社，2005：34.）

是地块内所有建筑物的总建筑面积之和Ar与地块面积AI的比值(万m²/万m²)，即FAR=Ar/AI，如图2-12所示。容积率可根据需要制定上限和下限。容积率的下限保证开发商的利益，可综合考虑征地价格和建筑租金的关系；容积率上限防止过度开发带来的城市基础设施超负荷运行及环境质量下降。

规划用地的容积率计算一般主要分为两种类型：单一性质用地的容积率计算和混合性质用地容积率计算。

单一用地性质的容积率计算方法：

$$FAR = Ar / AI$$

其中：Ar 为总建筑面积（地上）；AI 为建设用地面积。

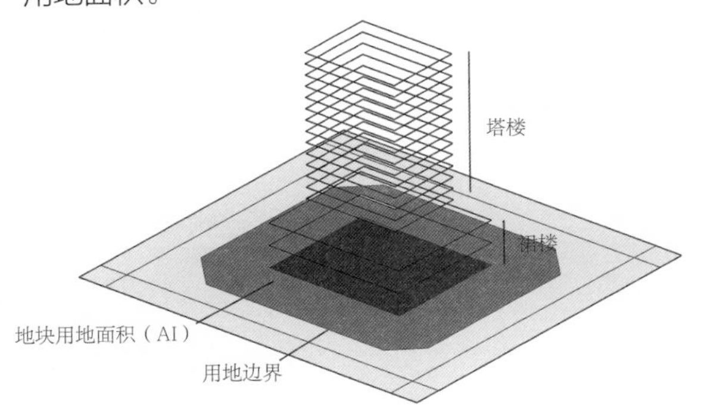

图2-12 容积率概念示意图

混合用地性质的容积率计算方法：

$$FAR=(A_{r1}\times far_{r1}+A_{r2}\times far_{r2}+\ldots+A_{rn}\times far_{rn})/AI$$

其中：A_{rn} 为不同性质建筑面积（地上）；far_{r2} 为不同性质建筑容积率；AI 为建设用地面积。

4）建筑密度

建筑密度是指规划地块内各类建筑基底面积占该块用地面积的比例，它可以反映出一定用地范围内的空地率和建筑密集程度（图2-13）。

建筑密度=（建筑基底面积之和/用地面积）×100%。

5）建筑限高

建筑高度一般指建筑物室外地面到其檐口（平屋顶）或屋面面层（坡屋顶）的高度。为了塑造优质的城市景观或满足城市特殊设施安全卫生的需要，规划部门需要对建筑建造提出一个许可的最大限制高度（上限）。这就是建筑限高这一指标的由来。建筑限高应符合建筑日照、卫生、消防和防震抗灾等要求；符合用地的使用性质和建（构）筑物的用途要求；考虑用地的地质基础限制和当地的建筑技术水平；符合城市整体景观和街道景观的要求；符合文物保护建筑、文物保护单位和历史文化保护区周围建筑高度的控制要求；符合机场净空高压线及无线通信通道（含微波通道）等建筑高度控制要求；考虑在坡度较大地区，不同坡向对建筑高

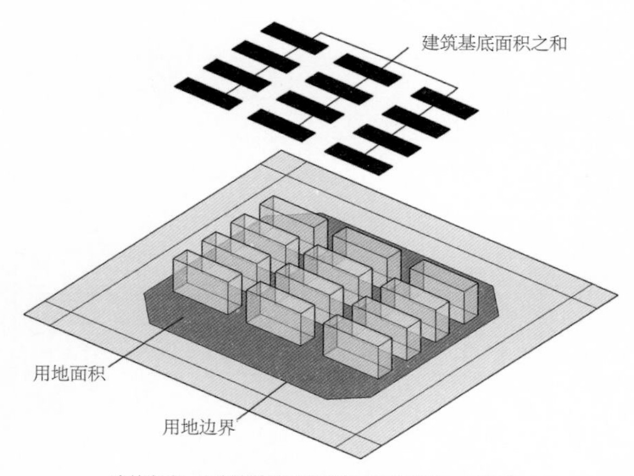

图2-13 建筑密度概念示意图

度的影响。

6）绿地率

绿地率指规划地块内各类绿化用地总和占该用地面积的比例，是衡量地块环境质量的重要指标。

绿地率=（地块内绿化用地总面积/地块面积）×100%

绿地率指标是以控制其下限为准。这里的绿地包括公共绿地、中心绿地、组团绿地、公共服务设施所属绿地和道路绿地（道路红线内的绿地），不包括屋顶、晒台的人工绿地，公共绿地内占地面积不大于1%的雕塑、亭榭、水池等绿化小品建筑可视为绿地。

7）建筑后退

建筑后退是指在城市建设中建筑物相对于规划地块边界和各种规划控制线的后退距离，通常以后退距离的下限进行控制。

建筑后退主要包括退线距离和退界距离两种。退线距离是指建筑物后退各种规划控制线（包括规划道路、绿化隔离带、铁路隔离带、河湖隔离带、高压走廊隔离带）的距离；退界距离是指建筑物后退相邻单位建设用地边界线的距离。不同城市根据当地情况，对建筑后退距离控制的要求不同。

8）停车场（库）

停车场（库）是城市交通基础设施的重要组成部分，根据服务对象不同又可分为社会停车场库和配建停车场库。根据社会经济发展状况和不同性质用地的需要配置合理数量的停车位，是规划中应当解决的问题。在控制性详细规划的编制中需要落实总体规划中布局的社会公共停车场，并针对不同性质的用地设置最低停车位限额指标，来指导下一阶段的修建性详细规划中的停车场地建设。

规划地块内规定的停车车位数量包括机动车车位数和非机动车车位数。对社会停车场（库）进行定位、定量（泊位数）、定界控制；对配建停车场（库），包括大型公建项目和住宅的配套停车场（库），进行定量（泊位数）、定点（或定范围）控制。各地块内按建筑面积或使用人数必须配套建设相应的机动车停车泊位数。

停车场车位数的确定：机动车停车位控制指标是以小型汽车为标准当量，其他各型车辆的停车位应按相应的换算系数折算。

9）地块出入口方位、数量和允许开口路段

地块出入口方位要考虑周围道路等级及该地块的用地性质。一般规定，城市快速路不宜设置出入口，城市主干道出入口数量要求尽量少，相邻地块可合用一个出入口。城市次干道及支路出入口根据需求设定，数量一般不作限制。机动车出入口距离交叉口道路路缘石的切点长度应符合行车视距的要求，并应右转出入车道。步行出入口主要根据用地的具体人流流向确定，避免将大量行人引入城市快速干道交通上，与交通产生冲突。通常步行出入口的设置需要考虑与公交站点、轨道站点公共服务设施等相互衔接。

一般而言机动车出入口位置应符合下列规定。

①与大城市主干道交叉口的距离，自道路红线交叉口起不应小于70 m。

②与人行横道线、人行过街天桥、人行地道（包括引道、引桥）的最边缘线不应小于5 m。

③距地铁出入口、公共交通站台边缘不应小于15 m。

④距公园、学校、儿童及残疾人使用建筑的出入口不应小于20 m。

⑤当基地道路坡度大于8%时应设缓冲段与城市道路连接。

⑥与立体交叉口的距离或其他特殊情况应符合当地城市规划行政主管部门的规定。

⑦建筑体量、体型、色彩等城市设计内容

控制性详细规划中的城市设计引导是各地块的建筑体量、体型、色彩等城市设计指导原则。

建筑体量的控制一般按照低层、中层和高层分类控制。具体指标有街道宽度和建筑高度的D/H比值，建筑裙房宽度和塔楼退界等。目前我国控规对建筑体量的控制和引导可用的控制手段还很少，具体规定各地不尽相同，实际制定时应遵照各地相关规范进行。

建筑色彩、造型的引导主要参照各地地域文化，实行分区引导。

（4）控制性规划成果

控制性规划成果应当包括规划文本、图件和附件。图件由图纸和图则两部分组成，规划说明、基础资料和研究报告收入附件。

1）文本内容

• 总则

说明编制规划的目的、依据、原则及适用范围、主管部门和管理权限。一般包括规划背景与目标；规划依据与原则；规划范围与概况；文本、图则之间的关系、各自作用、适用范围，强制性内容的规定；主管部门与解释权。

• 规划目标、功能定位、规划结构

确定规划期内的人口控制规模和建设用地控制规模，提出规划发展目标，确定本规划区用地结构与功能布局，明确主要用地的分布、规模。

• 土地使用

对土地使用的规划要点进行说明。特别要对用地性质细分、土地使用兼容性控制的原则和措施加以说明，确定各地块的规划控制指标。同时，需要附加如《用地分类一览表》《规划用地平衡表》等土地使用与强度控制技术表格。

• 道路交通

明确对规划道路及交通组织方式、道路性质、红线宽度、断面形式的规定，对交叉口形式、路网密度、道路坡度限制，规划停车场、出入口、桥梁形式等，及其他各类交通设施设置的控制规定。

• 绿化与水系

标明规划区绿地系统的布局结构、分类以及公共绿地的位置，确定各级绿地的范围、界限、规模和建设要求；标明规划区内河流水域的来源，河流水域的系统分布状况和用地比重，提出城市河道“蓝线”的控制原则和具体要求。

• 公共服务设施规划

明确各类配套公共服务设施的等级结构、布局、用地规模、服务半径，对配套设施的建设方式与规定进行说明。

• 五线规划

对城市五线—市政设施用地及点位控制线（黄线）、绿化控制线（绿线）、水域用地控制线（蓝线）、文物用地控制线（紫线）、城市道路用地控制线（红线）提出控制原则和具体要求。

• 市政工程管线

主要包括给水规划、排水规划、供电规划、电信规划、燃气规划及供热规划等内容。

• 环卫、环保、防灾等控制要求

主要包括环境卫生规划提出的对环境控制的基本要求，安排相关设施。防灾规划主要制定各种防灾规划，确定防灾设施的安排，划定防灾通道。

• 地下空间利用规划

主要明确地下空间的使用。包括地下空间的使用性质和地下通道的布置。

• 城市设计引导

在上一层次规划提出的城市设计要求的基础上，提出城市设计总体构思和整体结构框架，补充、完善和深化上一层次城市设计要求。

根据规划区环境特征、历史文化背景和空间景观特点，对城市广场、绿地、水体、商业、办公和居住等功能空间，城市轮廓线、标志性建筑、街道、夜间景观、标识及无障碍系统等环境要素方面，重点地段建筑物的高度、体量、风格、色彩、建筑群体组合空间关系及历史文化遗产保护提出控制、引导的原则和措施。

• 土地使用、建筑建造通则

一般包括土地使用规划、建筑容量规划、建筑建造规划等三方面控制内容。

• 其他

包括公众参与意见的采纳情况及理由，说明规划成果的组成、附图、附表与附录等。

2）图纸内容

• 规划用地位置图（区位图）（比例不限）

标明规划用地在城市中的地理位置与周边主要功能区的关系、规划用地周边重要的道路交通设施、线路及地区可达性情况。

• 规划用地现状图（1：1 000～1：2 000）

标明土地利用现状、建筑物现状、人口分布现状、公共服务设施现状、市政公用设施现状。

• 土地使用规划图（1：1 000～1：2 000）

规划各类用地的界线；规划用地的分类和性质、道路网络布局、公共设施位置。须在现状地形图上标明各类用地的性质、界线和地块编号，道路用地的规划布局结构，标明市政设施、公用设施的位置、等级、规模以及主要规划控制指标。

•道路交通及竖向规划图(1:1 000~1:2 000)

确定道路走向、线形、横断面、各支路交叉口坐标、标高、停车场和其他交通设施位置及用地界线各地块室外地坪规划标高。

•公共服务设施规划图(1:1 000~1:2 000)

标明公共服务设施位置、类别、等级、规模、分布、服务半径以及相应建设要求。

•工程管线规划图（1：1 000～1：2 000）

各类工程管网平面位置、管径、控制点坐标和标高，具体分为给排水、电力电信、热力燃气、管网综合等。必要时可分别绘制。

•环卫、环保规划图(1:1 000~1:2 000)。

标明各种卫生设施的位置、服务半径、用地、防护隔离设施等。

•地下空间利用规划图(1:1 000~1:2 000)

规划各类地下空间在规划用地范围内的平面位置与界线(特殊情况下还应划定地下空间的竖向位置与界线)，标明地下空间用地的分类和性质，标明市政设施、公用设施的位置、等级、规模以及主要规划控制指标。

•五线规划图（1：1 000～1：2 000）

标明城市五线：市政设施用地及点位控制线(黄线)、绿化控制线(绿线)、水域用地控制线(蓝线)、文物用地控制线(紫线)、城市道路用地控制线（红线）的具体位置和控制范围。

•空间形态示意图(比例不限，平面一般比例为1：1 000～1：2 000）

表达城市设计构思与设想。包括规划区整体空间鸟瞰图，重点地段、主要节点立面图和空间效果透视图及其他用以表达城市设计构思的示意图纸等。

•城市设计概念图（空间景观规划、特色与保护规划）（1：1 000～1：2 000）。

表达城市设计构思、控制建筑、环境与空间形态，检验与调整地块规划指标，落实重要公共设施布局。

•地块划分编号图（比例1：5 000）

标明地块划分具体界线和地块编号，作为分地块图则索引。

•地块控制图则(比例1:100~1:2 000)

表示规划道路的红线位置地块划分界线、地块面积、用地性质、建筑密度、建筑高度、容积率等控制指标，并标明地块编号。一般分为总图图则和分图图则两种。地块图则应在现状图上绘制，便于规划内容与现状进行对比。

3）规划说明内容

规划说明书是编制规划文本的技术支撑，主要内容是分析现状、论证规划意图、解释规划文本等，为修建性详细规划的编制以及规划审批和管理实施提供全面的技术依据。规划说明书的框架与规划文本一致，应具体阐释制定文本的依据与分析过程，并加以说明。

2.3.2 公共服务设施设置及控制

（1）公共服务设施定义

公共服务设施是保障生产、生活的各类公共服务的物质载体。城市公共服务设施一般分为两类：一是城市总体层面落实的公共服务设施，包括市级或为更大范围内区域服务的行政办公、商贸、经济、教育、卫生、体育、市政以及科研设计等机构和设施，主要应根据城市总体规划、分区规划要求，结合规划用地的具体条件和未来发展需要，对每个项目进行“定性、定量、定位”的具体控制；二是为满足城市居民基本的物质与文化生活需要，与居住人口规模相对应配套建设的公建项目，一般在详细规划阶段按《城市居住区规划设计规范》（GB 50180—93）进行具体控制。

（2）城市公共服务设施配置要求

城市公共服务设施包括高中及其他教育设施、图书馆、影剧院、老年福利院、综合医院等。

高中占地面积较大，服务半径和服务人口往往超出居住区范畴。因此，高中应作为必设的公共设施在分区规划层面合理布点并落实用地，在居住区级则作为宜设项目，当周边条件不具备时由居住区实施配建。高中规模不宜低于36班，居住人口不足时可以为24班或30班。36班高中用地一般为3.0 hm^2，其他教育设施如中专、工业技术学校、高等学校的设置不能以人口或土地的比例形式来确定，而应以教育部门的长远规划来确定。中专及工业技术学校的规模可参照中学的上限执行。图书馆和影剧院的配置要求根据不同的城市人口数量、分区布局，有不同的指引标准。

老年福利院属于政府民政部门无偿提供的福利机构，宜在居住区级以上的城市分区统筹配置。《老年人居住建筑设计标准》(GB/T 50340—2003)中规定：福利院建筑面积标准不得低于25 m^2/床。

综合医院的配置要求按照《综合医院建设标准》(建标〔1996〕547号)规定：综合医院的建设规模按病床数量可分为200、300、400、500、600、700、800床七种，一般情况下宜建设300、400、500、600床四种建设规模的综合医院。200床以上的综合医院宜作为区域统筹公共设施，在城市分区规划层面合理布局独立用地。若周边不具备设置大、中型医院的条件，则应在居住区设200床综合医院。

（3）居住区公共服务设施配置要求

对居住区公共服务设施一般是在详细规划阶段按国标《城市居住区规划设计规范》（GB 50180—93，2002年版），针对城市居住区、小区和组团，将公共服务设施分为教育、医疗卫生、文化体育、商业服务、金融邮电、社区服务、市政公用和行政管理八类进行项目控制，并落实到相应的建设地块上，再对其进行“定性、定量、定位”的具体控制（具体参见本书第3章城乡专项规划中关于城市住区公共服务设施配置的相关内容）。

（4）城市公共服务设施的控制指标

城市公共设施的控制指标主要有千人指标（又可分为人口千人指标、用地面积千人指标、建筑面积千人指标）、建筑规模、用地规模等。

千人指标。指进行居住区规划设计时，用来确定配建公共建筑数量的定额指标。一般以每千居民为计算单位。千人指标按建筑的不同性质，采用不同的定额单位来计算建筑面积和用地面积。千人指标可较为直观地反映开发项目公共服务设施需配套的总量，同时有助于直接量化和平衡各开发商所需承担的建设责任，以保证一定区域内资源的合理配置。对于与人口规模直接相关的公共服务设施，千人指标是主要的实施依据。

用地控制。在公共服务设施指标体系中，对于用地要求有以下三种类型：第一类设施必须要求独立用地；第二类设施应尽量独立用地，若条件确有困难可以考虑在满足技术要求的前提下与其他用房联合布置，但是应该保证一定的底层面积或场地要求；第三类设施则对用地无专门要求，可结合其他建筑物设置。国标的居住区公建用地比例为15%～25%、居住小区公建用地比例为12%～22%。考虑到鼓励公共服务设施集约综合布置，公建用地比例可以适当下调5%。

2.3.3　市政设施配套控制

市政设施配套规划属于专业规划，总体规划和分区规划中的市政设施规划一般解决城市宏观层面基础设施系统的基础布局，完成重要基础设施的基本格局与主干网络。在控制性详细规划和修建性详细规划中一般根据上一层次专业规划，完成具体区域内的基础设施配置和支线网络。

（1）市政设施规划流程

市政设施规划流程包括现状资料分析、源的控制、场站控制、管线控制四部分内容。

（2）市政设施规划内容

市政设施规划内容包括给水工程、排水工程、供电工程、通信工程、燃气工程、供热工程、管线综合、环卫工程、防灾规划等（市政规划的相关内容具体参见本书第3章城乡专项规划中关于城市工程系统规划的相关内容）。

| 小结 |

本章介绍了城乡规划中的区域规划、城市总体规划和控制性详细规划。首先介绍了区域在城乡规划学科背景下的概念与特征，区域规划的概念和内容。特别值得提出的是，区域规划涉及的学科范围很广、内容繁复多样，不同学源背景研究的侧重点不同，使得区域规划的编制形式多种多样，比如战略规划、顶层规划、国土规划、都市群规划等。这些规划都有各自的产生背景和适用范围，所以在日常学习和工作过程中，应对区域规划的各种编制形式有所了解和研究。

在城市总体规划部分，重点介绍了总体规划的相关概念、用地分类和布局。城市总体规划是城市发展和建设最重要的环节，所以对城市发展战略、城市职能、城市性质和城市规模的制定非常重要。在此基础上的完成的用地布局是对城市发展的物质性体现。最后的成果编制阶段，要严格按照法定的编制要求和制定程序，在做好前期资料的收集整理和分析研究工作的基础上，形成总体规划的成果。

本章最后一部分介绍了控制性详细规划的相关内容和编制成果，控制性详细规划是由我国城乡规划主管部门确定，指导城市开发的法定依据。它是平衡社会各方空间权益的重要工具，所以控制性详细规划内容也应当随着城市的发展而进行必要的调整和补充。

| 重点及难点 |

区域的概念和特征、区域规划的类型、城市发展战略、城市职能、城市性质、城市规模预测、城乡用地、城市总体布局类型与内容、控制性详细规划指标体系、公共服务设施配置要求。

| 作业 |

1.城市群是一种具有复杂结构的区域空间形式，试用点—轴—面理论分析我国五大城市群（沪宁杭、京津唐、珠江三角洲、辽中南、四川盆地）。

2.选取2～3个你感兴趣的城市，比较它们在城市定位、城市规模和城市形态等方面的异同并分析造成这种差异的原因。

3.控制性详细规划中的各项指标是如何确定的，结合居住区规划，分析这些指标如何与居住区的设计相结合。

3 城乡专项规划

3.1 城乡住区规划

3.1.1 住区的概述

（1）住区的概念、类型与规模

住区是城乡居民定居生活的物质空间形态，是关于各种类型、各种规模居住及其环境的总称。

住区类型的划分有多种方式，主要包括城乡区域范围、建设条件和住宅层数等方面。按照城乡区域范围不同，住区类型划分为城市居住住区、独立工矿企业和科研基地的住区和乡村住区；按照建设条件的不同，住区类型可分为新建住区和城市旧住区；按照建筑层数的不同，住区类型可分为低层住区、多层住区、小高层住区、高层住区或各种层数混合修建的住区。

住区的规模包括人口及用地两个方面，一般以人口规模作为主要标志。根据我国《城市居住区规划设计规范》（GB 50180—93，2002年版）的划分，城市住区分为居住区、居住小区和居住组团三个基本层次，具有相应的居住人口规模。

①居住区：一般称城市居住区，泛指不同居住人口规模的居住生活聚居地和特指被城市干道或自然分界线所围合并与居住人口规模（30 000 ~50 000人）相对应，配建有一整套较完善的、能满足该区居民物质与文化生活所需的公共服务设施的居住生活聚居地。

②居住小区：一般称小区，是指被城市道路或自然分界线所围合，并与居住人口规模（10 000 ~ 15 000人）相对应，配建有一套能满足该区居民基本的物质与文化生活所需的公共服务设施的居住生活聚居地。

③居住组团：一般称组团，指一般被小区道路分隔，并与居住人口规模（1 000~ 3 000人）相对应，配建有居民所需的基层公共服务设施的居住生活聚居地。

（2）住区的组成

住区的组成根据工程类型，基本上可分为建筑工程和室外工程两类。建筑工程主要为居住建筑（包括住宅和单身宿舍），其次是公共建筑、生产性建筑、市政公用设施用房（如泵站、调压站、锅炉房等）以及小品建筑等。室外工程包括地上、地下两部分，其内容有道路工程、绿化工程、工程管线（给水、排水、供电、燃气、供暖等管线和设施等）以及挡土墙、护坡等。

（3）住区的功能

住区应当满足居民的宜居需求，同时促进环境保护、经济效益和社会公平。住区的功能主要包括以下方面。

①居住功能。提供令人满意的住房，应与居民生活方式和经济承受能力相一致，包括提供给、排水等基本服务，燃气、供电和电信等基础设施，以及安全、健康的环境。

②公共服务和基础设施的高效性。通过公共服务设施和基础设施的集成配置，将公共成本最小化，体现设施配置的高效性。包括给水和排水系统的建设维护、垃圾收集、消防和治安、教育、休闲和交通系统等。

③环境保护、维持生态过程。采用对环境友好型的规划建造技术和方法，最大可能地实现生态、环保、节能、省地，实现对生态过程的维持和改善。

④社会互动功能。通过邻里、社会网络、组织机构、教育系统和环境设施，为人际交往提供机会，以促进居民参与游憩、休闲、社交，就业和购物等活动，为各种不同生活方式和年龄段的居民提供服务。

3.1.2 住区的结构

住区的规划结构，是根据住区的功能要求综合地解决住宅与公共服务设施、道路、公共绿地等相互关系而采取的组织方式。最有影响的住区结构模式包括郊区整体规划社区模式、邻里单位模式、居住开发单元模式、扩大小区模式（居住综合区）、新城市主义模式、公共交通导向开发模式、公共服务设施导向开发模式等。

（1）郊区整体规划社区模式（suburban master—planned community model）

这一模式被称为美国最早的有规划的住区模式，是由奥姆斯特德(Olmsted)和沃克斯(Vaux)于1868年为美国伊利诺伊州的河滨小镇(Riverside)提出的设计原则，成为以后一个多世纪上百座城市发展的指导方针，至今仍然有效。它的特征是采用曲线形的街道，尽端式道路，并在交叉口形成三角形的园林休憩空间，街道两侧充满当地园艺特色的前院草坪，构成了开放空间体系的组成部分。在住区中心设置了一个由商店和列车换乘站构成的小型商业中心，配置学校、办公楼区、休闲场所，并在购物中心、就业中心、学校和其他目的地设置了宽敞的停车场地，提升了机动性和可达性（图3-1）。

（2）“邻里单位”模式（neighborhood unit model）

这一模式由美国克拉伦斯·佩里(Clarence Perry) 在1929年最先提出，其影响力在美国土地使用规划中持续超过70年。它以邻里单位作为组织住区的基本形式，以避免由于汽车的迅速增长对居住环境带来的严重干扰（图3-2），并提出六条基本原则。

邻里单位周围为城市道路所包围，城市道路不穿过邻里单位内部。

邻里单位内部道路系统应限制外部车辆穿越。一般应采用尽端式，以保持内部的安静、安全和交通量少的居住气氛。

以小学的合理规模为基础控制邻里单位的人口规模，使小学生上学不必穿过城市道路，一般邻里单位的规模在5 000人左右，规模小的3 000～4 000人。

邻里单位的中心建筑是小学，它与其他的邻里服务设施一起布置在中心公共广场或绿地上。

邻里单位占地约160英亩（合64. 75hm^2），每英亩10户，保证儿童上学距离不超过半英里(0.8 km);

邻里单位内的小学附近设有商店、教堂、图书馆和公共活动中心。

（3）居住开发单元模式（housing estate）

邻里单位的住区规划思想对世界各国城市住区规划建造实践影响深远。随后不久，各国在住区规划和建设实践中又进一步总结和提出了“居住开发

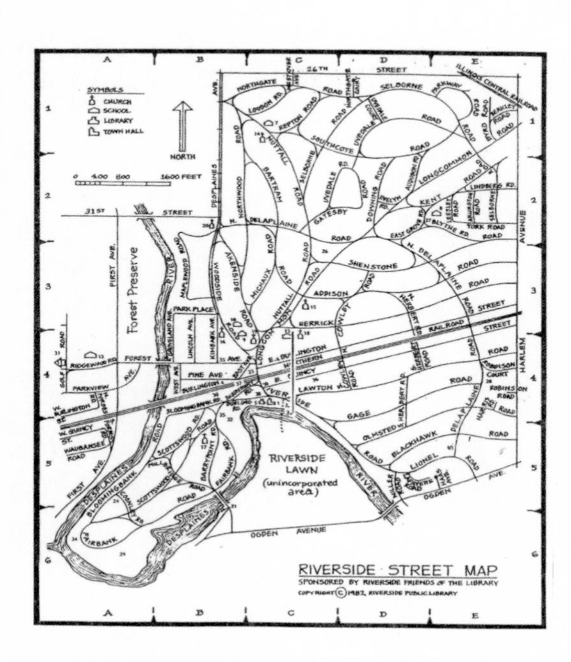

图3-1 郊区整体规划社区模式示意图

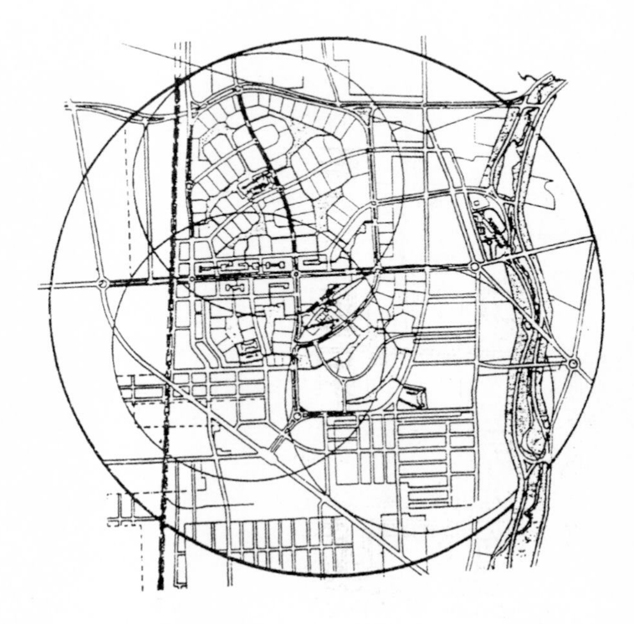
图3-2 邻里单位模式示意图

单元”的组织形式，即以城市道路或自然界线（如河流等）划分，并不为城市交通干道所穿越的完整地段。每一居住开发单元内设有一整套居民日常生活所需要的公共服务设施，规模一般以设置小学的最小规模为其人口规模下限的依据，以单元内公共服务设施最大服务半径作为控制用地规模上限的依据（见图1-40 哈罗新城平面图）。苏联早在1958年批准的《城市规划修建规范》中，就明确规定居住开发单元作为构成城市的基本单位，对其规模、居住密度和公共服务设施的项目和内容等都作了详细的规定，对我国从20世纪50年代末开始的居住小区建设产生了重要的影响，至今仍对我国城市住区规划设计规范的制定产生影响。

（4）“扩大小区”与“居住综合区”模式

随着城市的发展，住区的改造、建设和规划问题逐渐暴露出来，如小区内自给自足的公共服务设施在经济上的低效益、居民对使用公共服务设施缺乏选择的可能性等，都要求住区的组织形式应具有更大的灵活性。“扩大小区”“居住综合体”和各种性质的“居住综合区”的组织形式应运而生。

“扩大小区”就是在干道间的用地内（一般约100～150 hm^2）不明确划分居住小区的一种组织形式。其公共服务设施（主要是商业服务设施）结合公交站点布置在扩大小区边缘，即相邻的扩大小区之间，这样居民使用公共服务设施可有选择的余地。如英国的第三代新城密尔顿·凯恩斯(Milton Keynes)就作了很好的探索，位于中心区南侧的费斯密德住区（图3-3）具有较好的代表性。

“居住综合体”是指将居住建筑与为居民生活服务的公共服务设施组成一体的综合大楼或建筑组合体。这种居住综合体早在20世纪40年代末、50年代初法国建筑师勒·柯布西耶设计的马塞公寓中已得到了体现（图3-4）。它不仅为居民生活提供方便，而且还试图通过这种居住组织形式促进人们相互关心和新道德、新风尚的形成。这种居住综合体对节约用地和提高土地的利用效益是十分有利的。

“居住综合区”是指居住和工作环境布置在一起的一种居住组织形式，有居住与无害工业结合的综合区，有居住与文化、商业服务、行政办公等结合的综合区。居住综合区不仅使居民的生活和工作方便，节省了上下班时间，减轻了城市交通的压力，同时由于不同性质建筑的综合布置，使城市建筑群体空间的组合也更加丰富多彩。

（5）新城市主义模式（new urbanism）

“新城市主义”于20世纪80年代末期在美国兴起，核心思想是以现代需求改造旧城市市中心的精华部分，使之衍生出符合当代人需求的新功能。但是强调要保持旧的面貌，特别是旧城市的尺度，最典型的案例是美国巴尔的摩、纽约时报广场、费城“社会山”以及英国道克兰地区等的更新改造。

20世纪90年代以后，“紧凑城市”（compact city）被西方国家认为是一种可持续的城市增长形态。从侧重于小尺度的城镇内部街坊角度，安

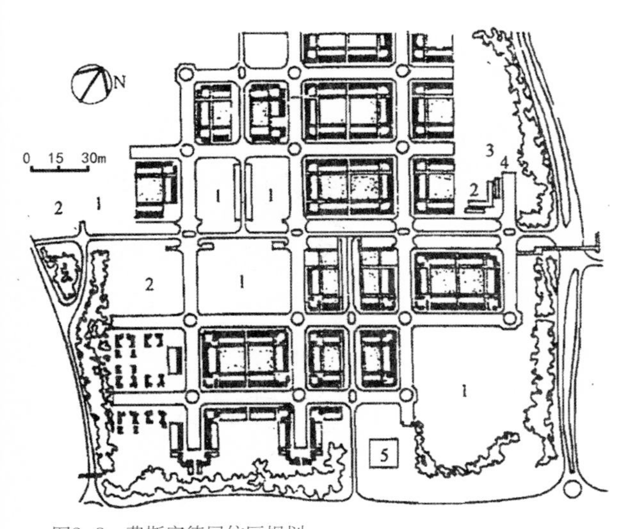

图3-3 费斯密德居住区规划

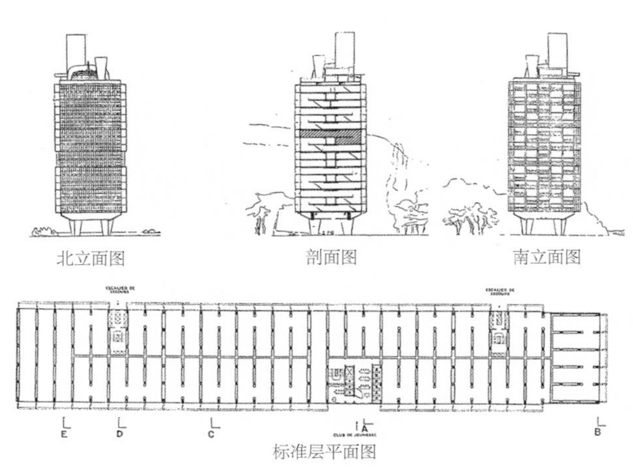

图3-4 马赛公寓示意图

德斯·杜尼（Andres Duany）和伊丽莎白·泽贝克（Elizabeth Zyberk）夫妇提出了“传统邻里发展模式”（traditional neighborhood development，TND）；从侧重于整个大城市区域层面的角度，彼得·卡尔若尔珀（Peter Calthorpe）则提出了“公共交通导向开发模式”(transit-oriented development, TOD)。TND和TOD是新城市主义规划思想提出的有关现代城市空间重构的典型模式。

（6）传统邻里发展模式（traditional neighborhood development, TND）

“传统邻里发展模式”，即TND模型。该模型认为社区的基本单元是邻里，每一个邻里的规模大约有5 min的步行距离，单个社区的建筑面积应控制在16～80万m^{2}的范围内，最佳规模半径为400 m，大部分家庭到邻里公园距离都在3 min步行范围之内（图3-5、图3-6）。

（7）公共交通导向开发模式(transit-oriented development, TOD)

“交通引导开发”基本模型，即TOD模型，是为了解决第二次世界大战后美国城市的无限制蔓延而采取的一种以公共交通为中枢、综合发展的步行化城区。

TOD社区具备以下特征：以公交交通站点为中心、以不超过600 m（或10 min步行路程）为半径建立社区。最靠近车站的将是零售业区、商业服务区、办公楼、餐馆、健身俱乐部、文化设施和公用设施，外围建立1 000～2 000户以公寓和连排为主的不同类型住宅。自中心向外采用放射形街道，内部服务性道路路宽不超过8.5 m，区内汽车时速不能超过25 km。此外，居住开发密度是25～60户/ hm^2，接近车站的地方的商业用地不少于10%，市中心1.6 km范围内不再允许设置其他商业中心(图3-7～图3-9)。

（8）公共服务设施导向开发模式（service-oriented development，SOD）

公共服务设施导向开发模式是近年来我国城市规划与建设中常用的开发引导模式（图3-10）。即通过完善大型公共设施的配置，为物质生产、流通等创造条件，提升新区功能，进而带动城市新区的发展，从而影响城市整体经济的发展进程。较成功的案例有青岛新区建设，青岛市政府出让了老城区用地，而率先进入新区，实现了城市功能转移、空间疏解与优化、政府财政状况改善等多重目标。

3.1.3 住区的规划设计

（1）住区规划设计的基本原则与基本要求

住区规划设计的基本原则，包括住区及其环境的整体性、功能性、经济性、科学性、地方性与时代性、超前性与灵活性、领域性与社会性、健康性

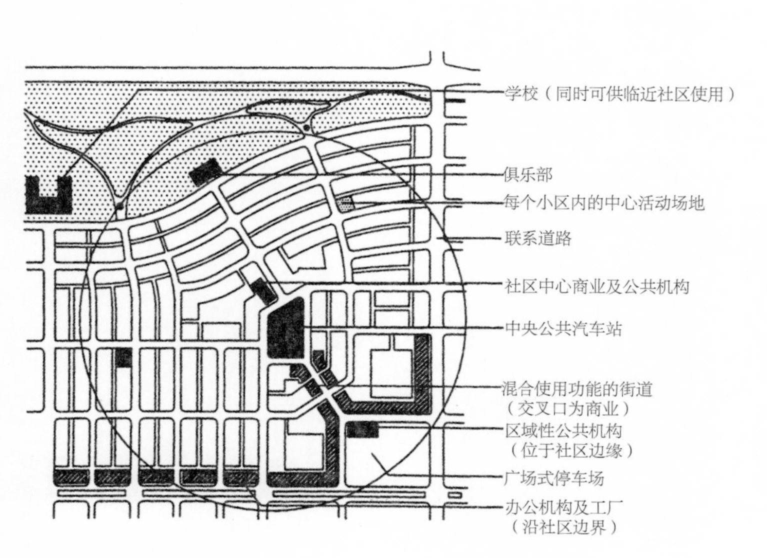

图3-5　TND模式示意图

图3-6　蔓延增长模式与TND增长模式的比较图

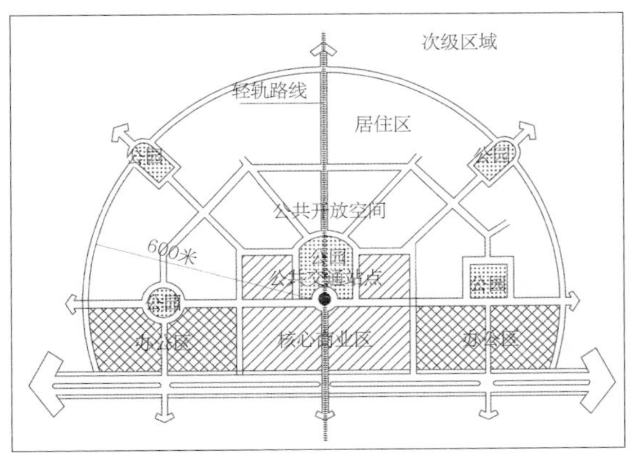

图3-7　社区型TOD结构示意图

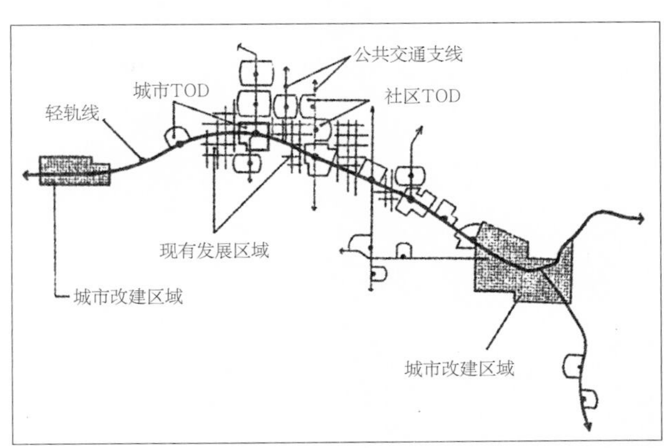

图3-8　基于TOD的城市结构示意图

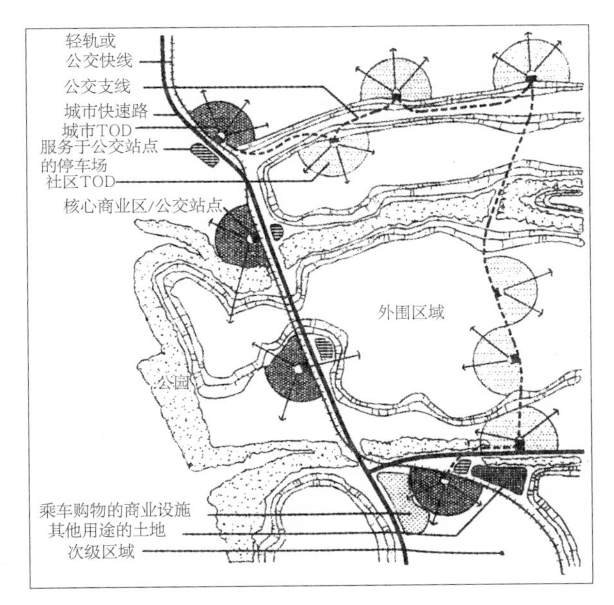

图3-9　区域型的TOD发展模式示意图

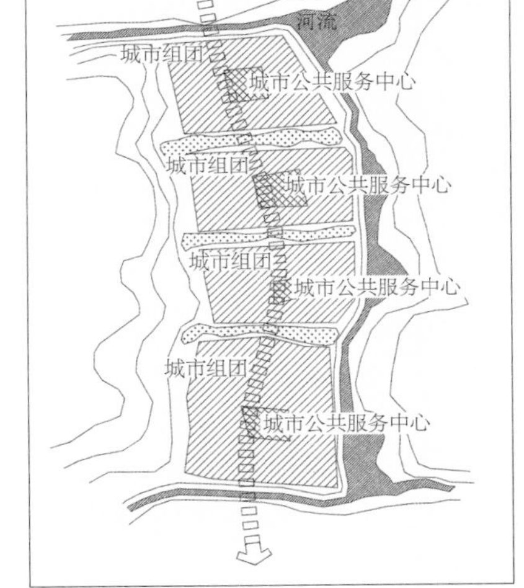

图3-10　城市型的SOD发展示意图

等。住区规划设计的基本要求，包括使用要求、卫生要求、安全要求、经济要求和美观要求等。

（2）住区及其组群的规划

1）住宅群体平面组合的基本形式及其特点

①行列式布置

这是一种建筑按一定朝向和合理间距成排布置的形式。这种布置形式能使绝大多数居室获得良好的日照和通风，是各地广泛采用的一种方式。但如果处理不好，会造成单调、呆板的感觉，容易产生穿越交通的干扰。为了避免以上缺点，在规划布置时常采用山墙错落、单元错开拼接以及用矮墙分隔等手法（图3-11）。

②周边式布置

这是一种建筑沿街坊或院落周边布置的形式。这种布置形式形成较内向的院落空间，便于组织休息园地，促进邻里交往。对于寒冷及多风沙地区，可阻挡风沙及减少院内积雪。周边布置的形式还有利于节约用地，提高居住建筑面积密度。但是这种

布置手法	实　例	布置手法	实　例
1. 山墙错落 前后交错  左右交错 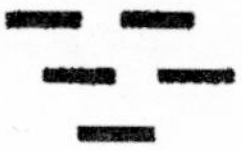 左右前后交错 	广州石油化工厂居住区住宅组团（1976年） 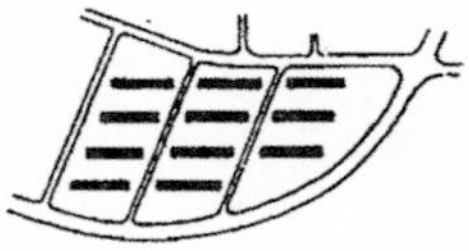 北京龙潭小区住宅组（1964年） 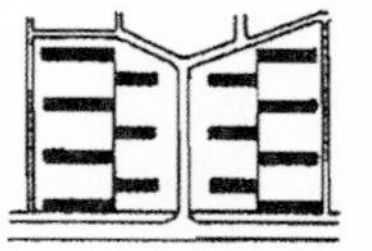 上海曹杨新村居住区曹杨一村住宅组（1951年） 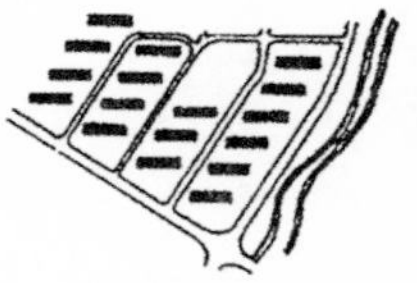	2. 单元错开拼接 不等长拼接  等长拼接  3. 成组改变朝向 	上海天钥龙山新村居住区住宅组（1976年）  四川（攀枝花）向阳村住宅组（1975年） 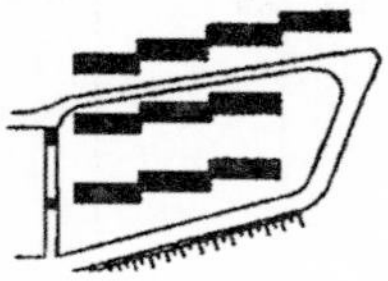 南京梅山钢铁厂居住区住宅组（1969—1971年） 
4. 扇形、 直线形	德国汉堡荷纳堪普居住区住宅组 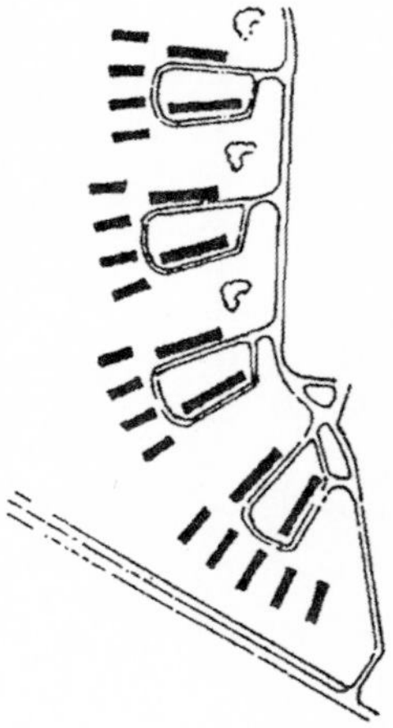 上海凉城新村居住区住宅组（1989年） 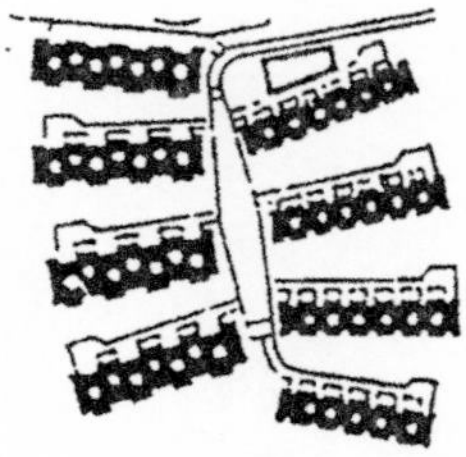	5. 曲线形	瑞典斯德哥尔摩法尔斯塔住宅组  深圳白沙岭居住区住宅组（1986年） 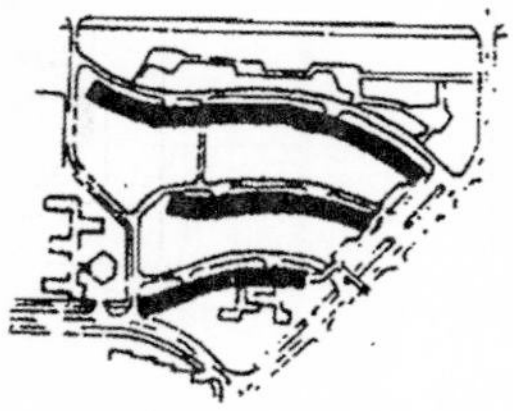
		6. 折线形	常州红梅西村住宅组（1991年） 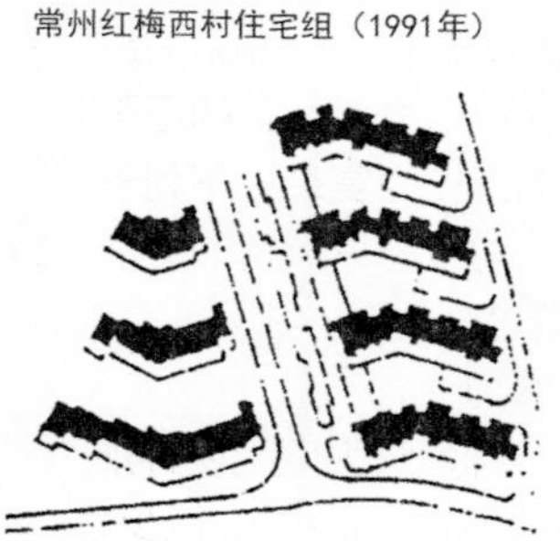

图3-11　行列式布局示意图

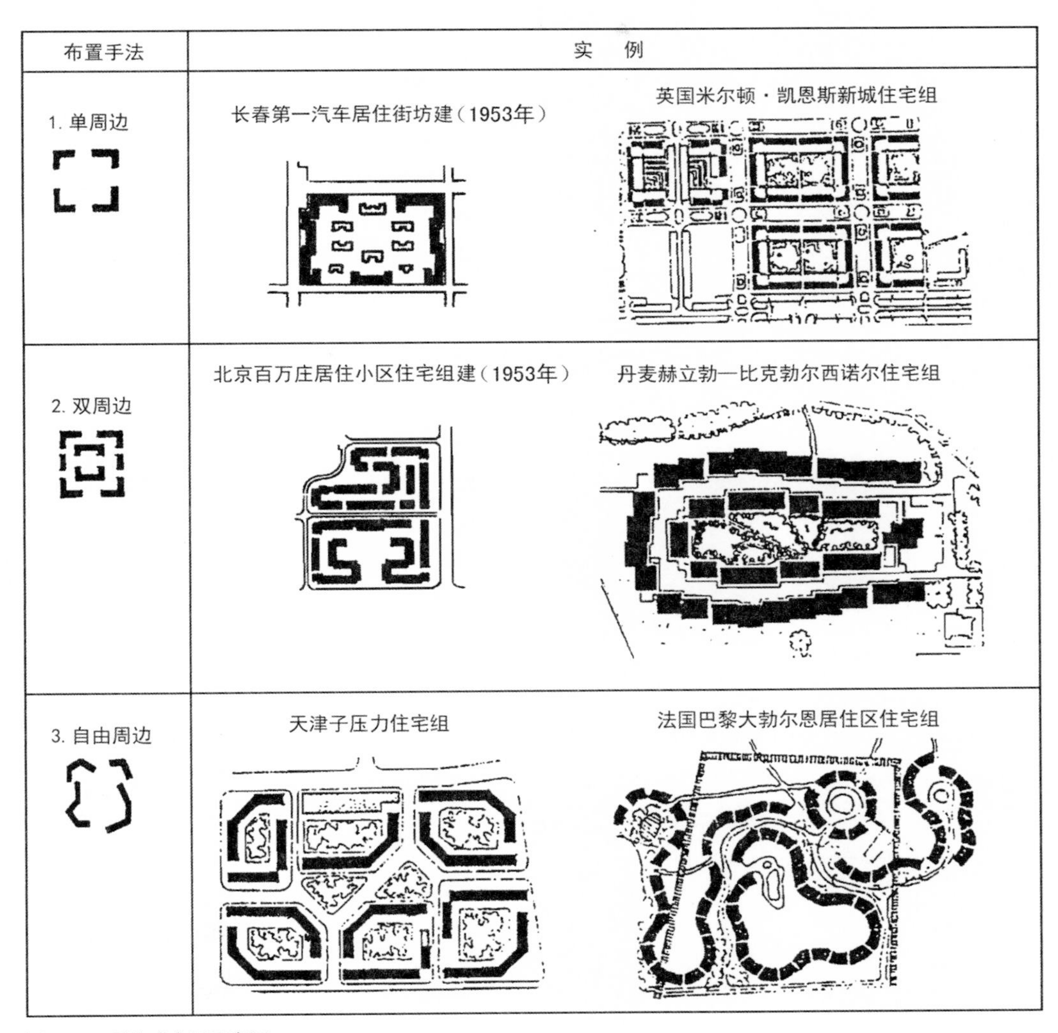

图3-12 周边式布局示意图

布置形式有相当一部分的建筑朝向较差，因此在湿热地区难以推广。有的还采用转角建筑单元，使结构、施工较为复杂，不利于抗震，造价也会增加。另外，对于地形起伏较大的地区也会造成较大的土石方工程（图3-12）。

③混合式布置

此种建筑为以上两种形式的结合形式，最常见的往往以行列式为主，以少量住宅或公共建筑沿道路或院落周边布置，形成半开敞式院落（图3-13）。

④自由式布置

此建筑结合地形，在照顾日照、通风等要求的前提下，成组自由灵活地布置。

以上四种基本布置形式并不包括住宅布置的所有形式，而且也不可能列举所有的形式。在进行规划设计时，必须根据具体情况，因地制宜地创造不同的布置形式（图3-14）。

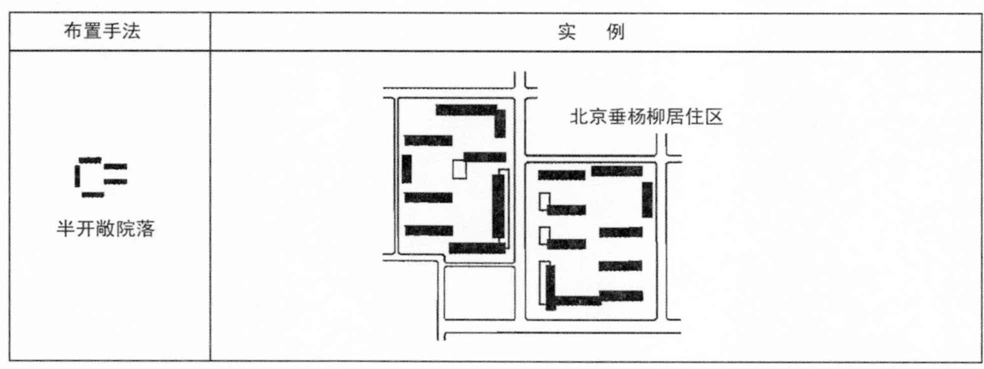

图3-13　混合式布局示意图

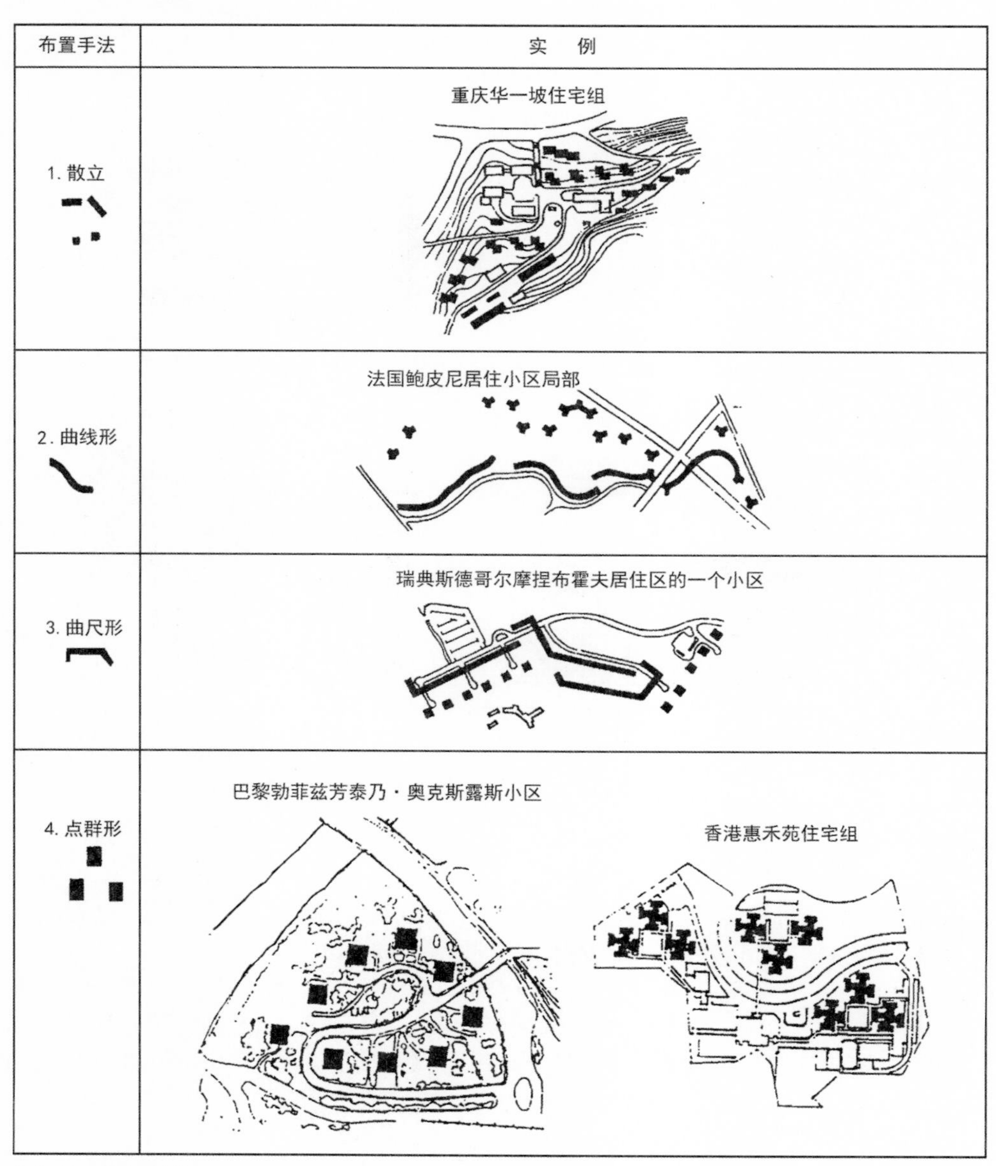

图3-14　自由式布局

2）住宅群体的组合方式

①成组成团的组合方式

住宅群体的组合可以由一定规模和数量的住宅（或结合公共建筑）组合成组或成团，作为住区或居住小区的基本组合单元，有规律地发展使用。这种基本组合单元可以由若干同一类型或不同类型的住宅（或结合公共建筑）组合而成。组团的规模主要受建筑层数、公共建筑配置、自然地形和现状等条件的影响而定。一般为1 000～2 000人，较大的可达3 000人。组团之间可用绿地、道路、公共建筑或自然地形进行分隔(图3-15)。这种组合方式也有利于分期建设。

②成街成坊的组合方式

成街的组合方式就是以住宅（或结合公共建筑）沿街成组成段的组合方式，而成坊的组合方式就是住宅（或结合公共建筑）以街坊作为整体的一种布置方式。成街的组合方式一般用于城市和住区主要道路的沿线和带形地段的规划，成坊的组合方式一般用于规模不太大的街坊或保留房屋较多的旧居住地段的改建。成街组合是成坊组合中的一部分，两者相辅相成、密切结合，特别在旧住区改建时，不应只考虑沿街的建筑布置，而不考虑整个街坊的规划设计（图3-16）。

③整体式组合方式

整体式组合方式是将住宅（或结合公共建筑）用连廊、高架平台等连成一体的布置方式。

如住宅群体成组成团和成街成坊的组合方式并不是绝对的，往往这两种方式相互结合使用。在考虑成组成团的组合方式时，也要考虑成街的要求；而在考虑成街成坊的组合方式时，也要注意成组的要求（图3-17）。

（3）住区公共服务设施规划

1）住区公共服务设施的分类和内容

住区内的公共服务设施的配置应符合《城市居住区规划设计规范》（GB 50180—93，2002年版）中“公共服务设施分级配建表”的要求，根据使用性质分为以下8类设施：

教育：包括托儿所、幼儿园、小学、中学等。

医疗卫生：包括医院、诊所、卫生站等。

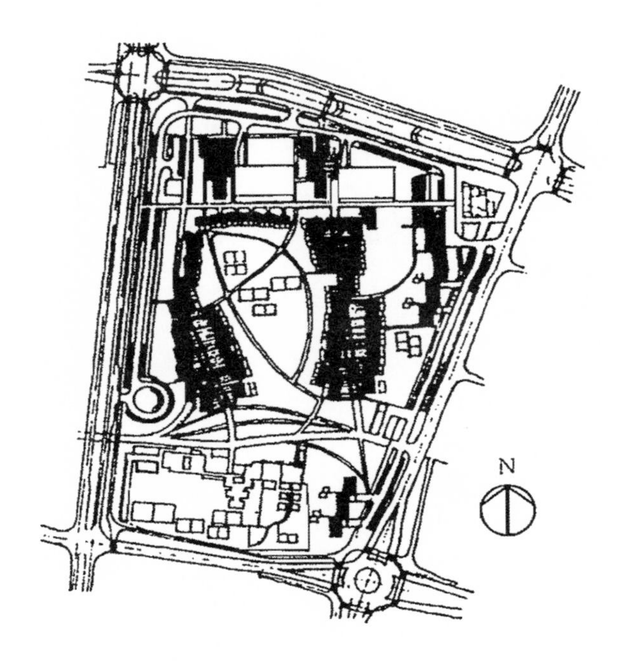

图3-16　成街布置——德国瑞希居住小区示意图

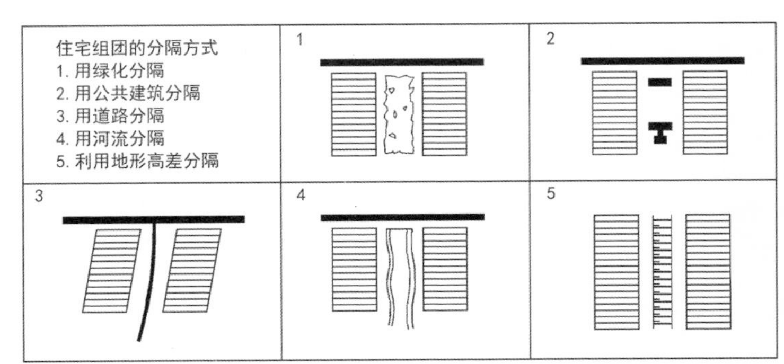

图3-15　住宅组团的分割方式

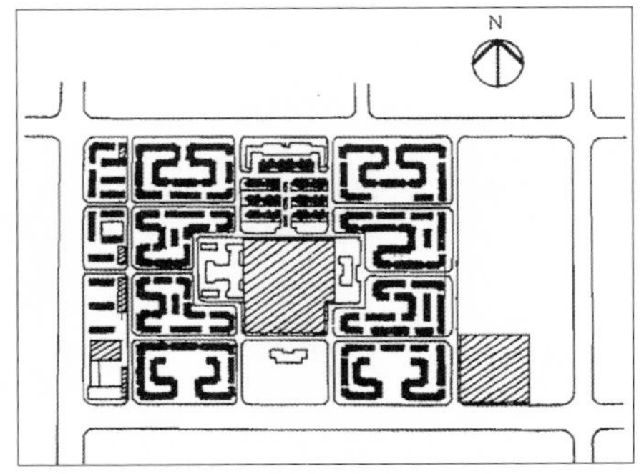

图3-17　成坊布置——北京百万庄居住小区示意图

文化体育：包括影剧院、俱乐部、图书馆、游泳池、体育场、青少年活动站、老年人活动室、会所等。

商业服务：包括食品、菜场、服装、棉布、鞋帽、家具、五金、交电、眼镜、钟表、书店、药房、饮食店、食堂、理发、浴室、照相、洗染、缝纫、综合修理、服务站、集贸市场、摩托车、小汽车、自行车存放处等。

金融邮电：包括银行、储蓄所、邮电局、邮政所、证券交易所等。

社区服务：居民委员会、派出所、物业管理等社区生活服务设施。

市政公用：包括公共厕所、变电所、消防站、垃圾站、水泵房、煤气调压站等。

行政管理：包括商业管理、街道办事处等行政管理类机构。

按居民对公共服务设施的使用频繁程度，也可分为居民每日或经常使用的公共服务设施和居民必要的非经常使用的公共服务设施。

2）规划布置

公共服务设施的规划布置应按照分级（主要根据居民对公共服务设施使用的频繁程度）、对口（指人口规模）、配套（成套配置）和集中与分散相结合的原则进行，一般与住区的规划结构相适应。

住区公共服务设施规划布置的方式可按级布置。

第一级（居住区级）：公共服务设施项目主要包括一些专业性的商业服务设施和影剧院、俱乐部、图书馆、医院、街道办事处、派出所、房管所、邮电、银行等为全区居民服务的机构。

第二级（居住小区级）：主要包括菜站、综合商店、小吃店、物业管理、会所、幼托、中小学等。

第三级（居住组团级）：主要包括居委会、青少年活动室、老年活动室、服务站、小商店等。

3）配置标准

社区公共服务设施配置的目标是建设布局合理、配套齐全、设施共享、环境优美、交通方便、综合利用、便于管理，适宜国内外各类人士生活、学习和创业的和谐社区（配置标准参考附录3）。

4）住区交通与道路规划

住区道路是城市道路的延续，是居住空间和环境的一部分。不仅要关注机动车的便捷与可达要求，还要尊重居民使用步行、自行车和公共交通工具等交通方式的意愿，满足居民出行便利性要求。

居住区道路的日常功能应满足：通行清除垃圾、递送邮件等市政公用车辆的通行要求；住区内公共服务设施和工厂货运车辆的通行要求；铺设各种工程管线的需要；居民步行、交流需求。另外还要考虑一些特殊情况，如供救护、消防和搬运家具等车辆的通行。不同的道路功能应具有不同的道路宽度及道路设施等。因此，居住区道路系统应形成等级结构。

第一级（居住区级道路）：居住区的主要道路，用以解决居住区内外交通的联系。道路红线宽度不宜小于20 m。

第二级（居住小区级道路）：居住区的次要道路，用以解决居住区内部的交通联系。路面宽6～9 m，建筑控制线之间的宽度，需敷设供热管线的不宜小于14 m，无供热管线的不宜小于10 m。

第三级（住宅组团级道路）：居住区内的支路，用以解决住宅组群的内外交通联系。路面宽3～5 m，建筑控制线之间的宽度，需敷设供热管线的不宜小于10 m，无供热管线的不宜小于8 m。

第四级（宅前小路）：通向各户或各单元门前的小路，路面宽不宜小于2. 5 m。

此外，住区内还可有专供步行的林荫步道，其宽度根据规划设计的要求而定。

不同的道路系统可形成不同的人、车组织方式，主要有“人车分行”和“人车混行”两种道路系统。

人车分行道路系统在1933年的美国新泽西州的雷德朋（Radburn, NJ）新镇规划中首次采用并实施，后为私人小汽车较多的国家和地区采用，并称为“雷德朋”系统（图3-18～图3-20）。建立人车分行的交通组织体系的目的是保证居住区内部居住生活环境的安静和安全，使居住区内各项生活活动能正常进行，避免居住区内大量私人机动车交通对居住生活质量的影响。人车分行的交通组织应做到以下几点：

①进入居住区后，步行通路与汽车通路在空间

上分开，设置步行路与车行路两个独立的路网系统。

②车行路应分级明确，可采取围绕住宅区或住宅群落布置的方式，并以枝状尽端路或环状尽端路的形式伸入各住户或住宅单元背面的入口。

③在车行路周围或尽端应设置适当数量的住户停车位，在尽端型车行道的尽端应设回车场地。

④步行路应该贯穿于居住区内部，将绿地、户外活动场地、公共服务设施串连起来，并伸入各住户或住宅单元正面的入口，起到连接住宅院落、住家私院和住户起居室的作用。

人车分行的交通组织与路网布局在居住环境的保障方面有明显的效果，但在采用时必须充分考虑经济性和它的适用条件，因为它是一种针对住宅区内存在较大量的私人机动车交通量的情况而采取的规划方式。在许多情况下，特别是在我国，人车混行的交通组织方式与路网布局有其独特的优点。

人车混行的交通组织方式是指机动车交通和人行交通共同使用一套路网，具体地说就是机动车和行人在同一道路断面中通行。这种交通方式在私人汽车不多的国家和地区，既方便又经济，是一种常见而传统的住宅交通组织方式。人车混行交通组织

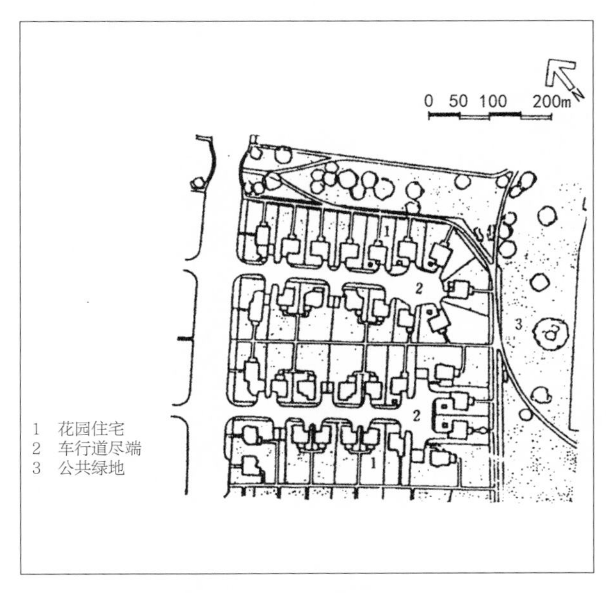

图3-19 美国雷德朋居住区一建成小区组团平面图

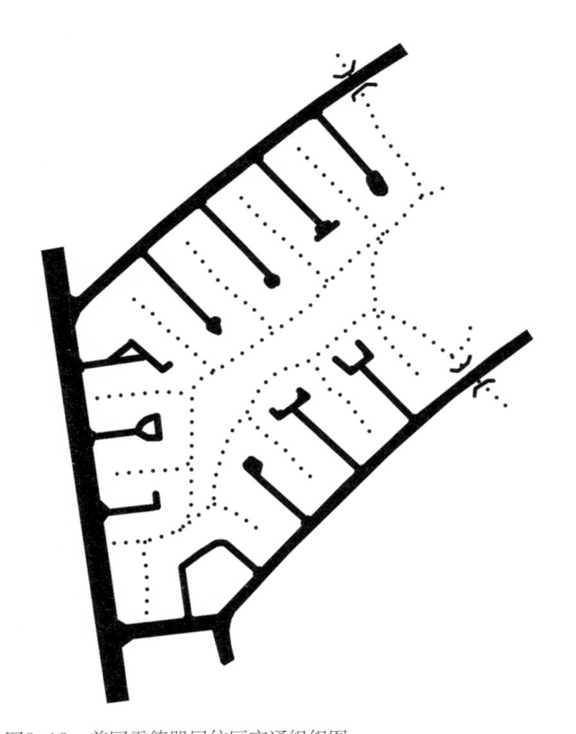

图3-18 美国雷德朋居住区交通组织图

图3-20 美国雷德朋居住区平面图

方式下的住宅区路网布局要求道路分级明确，并应贯穿于住宅区内部，主要路网一般采用互通型的布局形式（图3-21、图3-22）。

居住区内还应考虑机动车停车问题。根据《城市居住区规划设计规范》（GB 50180—93,2002年版），居住区内必须配套设置居民汽车（含通勤车）停车场、停车库，并对数量、规模有相应控制。

（5）住区绿地规划设计

住区绿地是城市绿地系统的重要组成部分，它面广量大，且与居民关系密切，对改善居民生活环境和城市生态环境也具有重要作用。

通过住区绿地系统规划布局，详细设计包括道路和其他小径、广场、绿地等在内的公共空间系统，注重公共空间与私密空间的关系（规模／尺度、尊重街道和其他公共空间），创造地标、对景、视廊、远景、边缘、肌理等视觉与形象要素，并注意各要素之间的联系，丰富住区景观，提升住区生态环境品质。

住区绿地系统组成中的公共绿地，包括住区内居民公共使用的绿化用地，如住区公园、游园、林荫道、住宅组团的小块绿地等。公共建筑和公用设施附属绿地，包括住区内的学校、幼托机构、医院、门诊所、锅炉房等用地内的绿化。宅旁和庭院绿地，包括住宅四旁绿地，街道绿地。还包括住区内各种道路的行道树、绿地等。

住区绿地规划的基本要求应做到：根据住区的功能组织和居民对绿地的使用要求采取集中与分散，重点与一般及点、线、面相结合的原则，以形成完整统一的住区绿地系统，并与城市总的绿地系统相协调。尽可能利用劣地、坡地、洼地进行绿化，以节约用地，对建设用地中原有的绿化、湖河水面等自然条件要充分利用，应注意美化居住环境的要求。住区绿化是面广量大的绿化工程，不应追求名贵的花木树种，应以经济、易管、易长为原则，绿化可以草坪为主，树径不宜过小，宜在10 cm以上；在住区的重要地段可少量种植一些形态优美，具有色、香和地方特色的花木或大树，使整个住区的绿化环境能保持四季常青的景色。

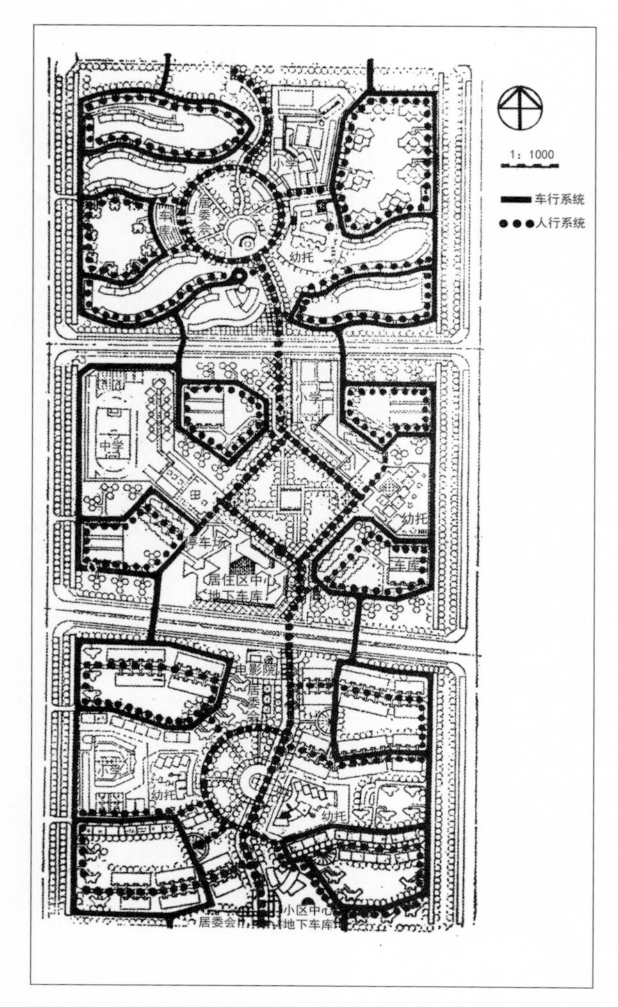

图3-21　深圳莲花居住区局部人车混行与局部分行交通组织图

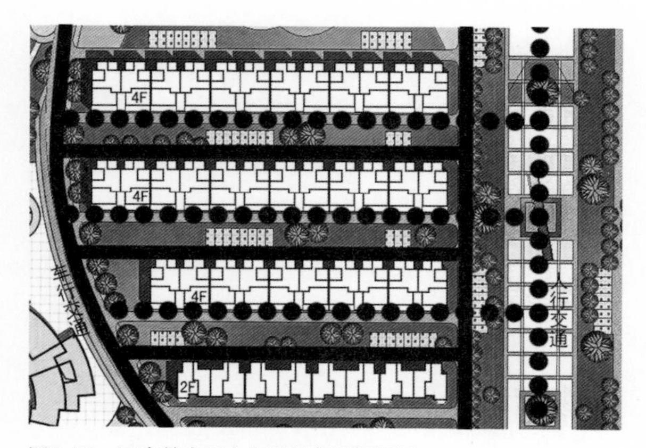

图3-22　国内某小区人车混行交通组织图

3.1.4　住区规划的技术经济指标

住区是城市重要组成部分，在用地上、建设量上都占有绝对高的比重。因此，研究和分析住区规划和建设的经济性，对充分发挥投资效果、提高城市土地的利用效益都具有十分重要的意义。住区规划的技术经济分析，一般包括用地分析、技术经济指标的比较及造价的估算等几个方面。

（1）用地平衡表

住区的用地一般可分为以下四类（表3-1）：

①住宅用地：住宅建筑基底占地及其四周合理间距内的用地（含宅绿地和宅间小路等）的总称。

②公共服务设施用地：一般称公建用地，是与居住人口规模相对应配建的、为居民服务和使用的各类设施的用地，应包括建筑基底占地及其所属场院、绿地和配建停车场等。

③道路用地：指住区范围内的道路、小区路、组团路及非公建配建的居民小汽车和单位通勤车等停放场地。

④公共绿地：满足规定的日照要求，适合于安排游憩活动设施、供居民共享的集中绿地，包括住区公园、小游园和组团绿地及其他块状带状绿地等。

除此以外，还有其他用地，是指规划范围内除住区用地以外的各种用地，应包括非直接为本区居民配建的道路用地、其他单位用地、保留的自然村或不可建设用地等。

（2）技术经济指标（表3-2）

①平均层数：是指各种住宅层数的平均值。一般按各种住宅层数建筑面积与基地面积之比进行计算。其计算公式如下：

住宅平均层数=住宅总建筑面积/住宅基地总面积（层）

②住宅建筑净密度：住宅建筑净密度主要取决于房屋布置对气候、防水、防震、地形条件和院落使用等要求。因此，住宅建筑净密度与房屋间距、建筑层数、层高、房屋排列方式等有关。在同样条件下，一般住宅层数越高，住宅建筑净密度越低。其计算公式如下：

住宅建筑净密度=住宅建筑基地总面积/住宅用地面积（%）

③住宅建筑面积净密度：

住宅建筑面积净密度=住宅总面积/住宅用地面积（m^2/ hm^2）

④住宅建筑面积毛密度：

住宅建筑面积毛密度=住宅总建筑面积/居住用地面积（m^2/ hm^2）

⑤人口净密度：

人口净密度=规划总人口/住宅用地总面积（人/hm^2）

表3-1　居住区用地平衡表

项　目		面积/hm^2	所占比例/%	人均面积/（m^2·人$^{-1}$）
一、居住用地		▲	100	▲
1	住宅用地	▲	▲	▲
2	公建用地	▲	▲	▲
3	道路用地	▲	▲	▲
4	公共绿地	▲	▲	▲
二、其他用地		△	—	—
居住区规划总用地		△	—	—

备注：“▲”为参与居住区用地平衡的项目。

表3-2　居住区的技术经济指标

项目	居住户数	居住人数	总建筑面积	住宅建筑面积	平均层数	住宅建筑净密度	住宅建筑面积毛密度	住宅建筑面积净密度	人口近密度	人口毛密度	容积率	每公顷土地开发费（测算）	单元综合投资（测算）
单位	户	人	万m^2	万m^2	层	%	m^2/hm^2	m^2/hm^2	人/hm^2	人/hm^2		万元	万元

（吴志强，李德华.城市规划原理[M].4版.北京：中国建筑工业出版社，2010：541.）

⑥人口毛密度：

人口毛密度=规划总人口/居住用地总面积（人/hm^2）

⑦容积率（又称建筑面积密度）：

容积率=总建筑面积/总用地面积

⑧住宅用地指标：

平均每人住宅用地=平均每人居住面积定额/（层数×住宅建筑密度×平均系数）（m^2/人）或=（每人居住面积定额×住宅用地面积）/住宅总面积（m^2/人）

3.2 城市设计

3.2.1 城市设计的含义与作用

（1）城市设计的含义

城市设计一词是在20世纪40年代被提出的，但是城市设计已经有两千多年的历史。在早期阶段，城市设计来源于建筑设计，以美学原则为基础，以物质空间为对象。但城市设计与建筑研究对象、研究方法以及目标系统不同，不能解决社会的诸多矛盾，在城市发展的过程中，不能起到良好的管理与控制作用，于是学者们反思并追溯城市设计更为本质的内涵。因此，城市设计的定义是在不断深化中发展的。城市设计概念的演化，大致经历了从注重视觉艺术与物质形态，关注行为、心理、社会和生态要素，到优化城市综合环境质量目标的过程。当前，城市设计越来越多地从人、社会、文化、环境等方面来建立评价标准。通过各种政策、标准和设计审查来管理较大地区范围的环境特色和质量的做法，成为城市设计的重要内容（图3-23）。

根据《城市规划原理（第四版）》，城市设计的定义概括总结为：城市设计是根据城市发展的总体目标，融合社会、经济、文化、心理等主要元素，对空间要素作出形态的安排，制定出指导空间形态设计的政策性安排。

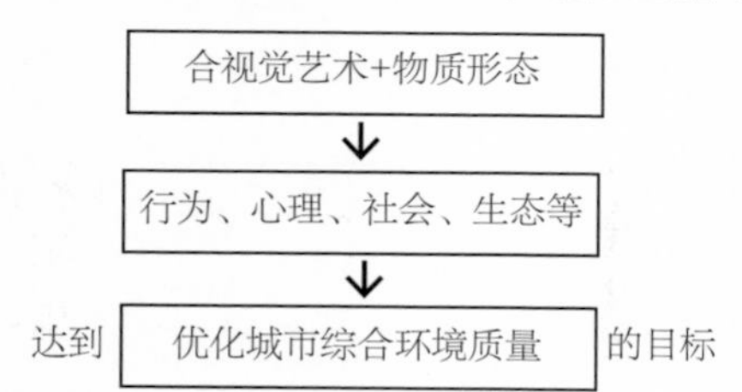

图3-23 城市设计概念的演化趋势

（2）城市设计的作用

最初，由于城市规划、建筑设计及其他工程设计之间缺乏衔接环节，导致城市体形空间环境的不良发展，因此需要城市设计承上启下，从城市空间总体构图引导项目设计。城市设计的重要作用还表现在为人类创造更亲切美好的人工与自然相结合的城市生活空间环境，促进人的居住文明和精神文明的提高。而如今，城市设计已经理解为优化城市环境质量的综合性安排。

3.2.2 城市设计的内容与类型

（1）城市设计的内容

城市设计是在城市肌理的层面上，处理其主要元素之间关系的设计。城市设计的内容包括处理主要元素之间的空间关系，考虑时间过程，并制定政策框架管理以后的建设过程。

城市设计的空间内容主要包括土地利用、交通和停车系统、建筑的体量和形式及开敞空间的环境设计。土地利用的设计是在城市规划的基础上细化，安排不同性质的内容，并考虑地形和现状因素。建筑体量和形式取决于建设项目的功能和使用要求，要考虑容积率、建筑密度、建筑高度、体量、尺度、比例及建筑风格等。交通和停车系统的功能性很强，技术复杂，占用城市较大空间，对城市整体形象的影响也很大。开敞空间包括广场、公园绿地、运动场、步行街、庭院及建筑文物保护区等。环境设计要适应城市生活方式和市民心理，形成建筑地段和建筑群体的内涵与形式特征。城市设计不仅要组织物质空间，而且要创造有吸引力的活动空间环境，特别是要把购物、餐饮、观光游览、休息和娱乐等各种活动结合起来。

城市设计的时间过程是指城市设计需要理解空间中的时间周期以及不同社会活动的时间组织，并设计具有延续性和稳定性的环境。另外，城市设计方案、政策等具体内容也应随着时间逐步实施调整。

城市设计的政策框架作为一种管理手段，目的是制定一系列指导城市建设的政策框架，在此基础上进行建筑或环境的进一步设计与建设。因此，城市设计必须反映社会和经济需求，需要研究与策划城市整体社会文化氛围，制定有关的社会经济政策。尤其是具体的市容景观实施管理条例，促进城市文化风貌与景观的形成，确定城市设计实施的保障机制。

（2）城市设计的类型

根据设计的用地范围和功能特征，城市设计可以分为下列类型：城市总体空间设计、城市开发区设计、城市中心设计、城市广场设计、城市干道和商业街设计、城市居住区设计、城市园林绿地设计、城市地下空间设计、城市旧区保护与更新设计、大学校园及科技研究园设计、博览中心设计、建设项目的细部空间设计。

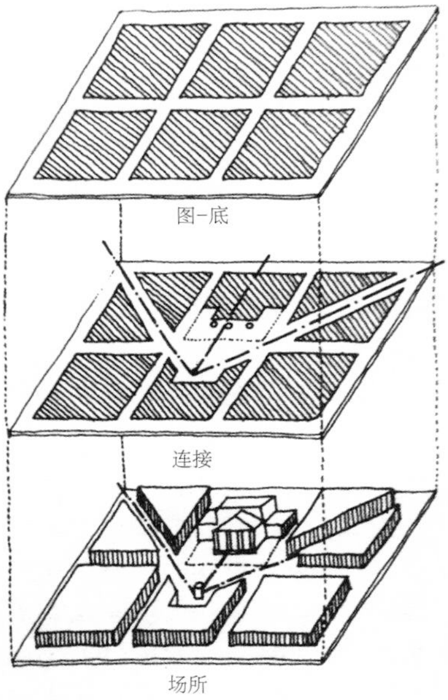

3.2.3　城市设计的基本理论与方法

（1）城市空间设计理论

罗杰·特兰西克(Roger Trancik)在《找寻失落的空间——城市设计的理论》一书中，根据现代城市空间的变迁以及历史实例的研究，归纳出三种研究城市空间形态的城市设计理论，分别为“图—底理论(figure- ground theory)”“连接理论(linkage theory)”和“场所理论(place theory)”（图3-24）。

“图—底理论”是基于建筑体量作为实体（solid mass；图：figure）和开敞空间作为虚体(open voids；底：ground)所占用地比例关系的研究。目的是通过分析城市物质空间的组织，明确城市形态的空间结构，并且通过比较不同时期城市图—底关系的变化，可以分析城市空间发展的规律及方向。对此理论作出最好诠释的是詹巴迪斯

图-底

连接

场所

图3-24　城市设计理论设计图

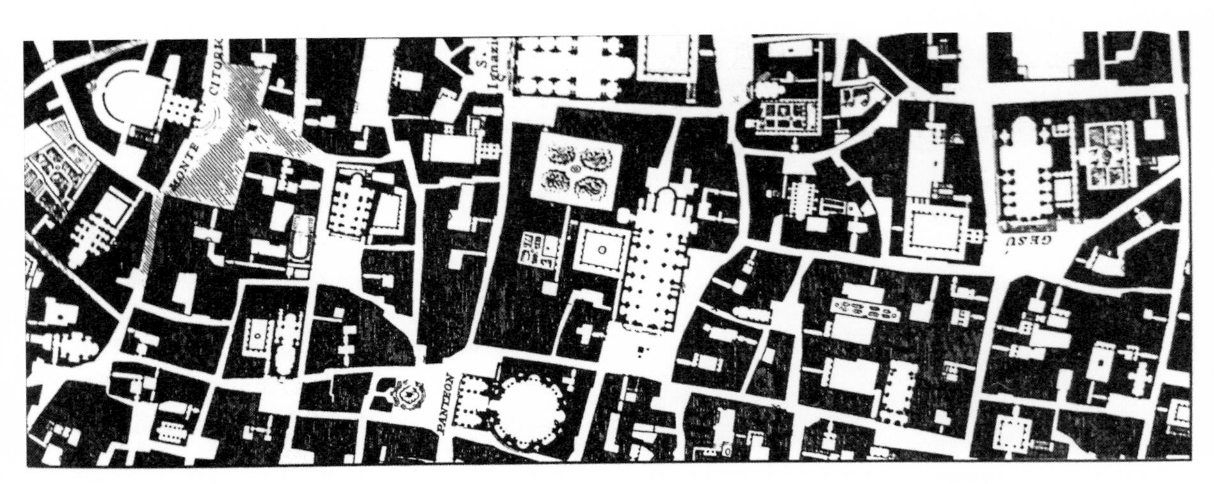

图3-25　詹巴迪斯塔·诺利的罗马地图

塔·诺利（Giambattista Nolli）于1748年绘制的罗马地图，将城市表现为一个具有清晰界定的建筑实体与空间虚体的系统（图3-25）。

图—底关系的研究揭示了作为空间虚实组合方式的各种城市空间形态，这种空间虚实组合方式多种多样，如垂直/斜交复合型（修正的格网）、随意有机型（由地形和自然特征确定）和中心型（具有活动中心的线形和环绕形）等（图3-26）。多数城市都是这些类型的组合、变化或放大缩小后的并列。除了表达城市的特征和复合形态之外，图—底分析还可以明晰城市空间虚实之间的差异，并提供对其分类的方法。

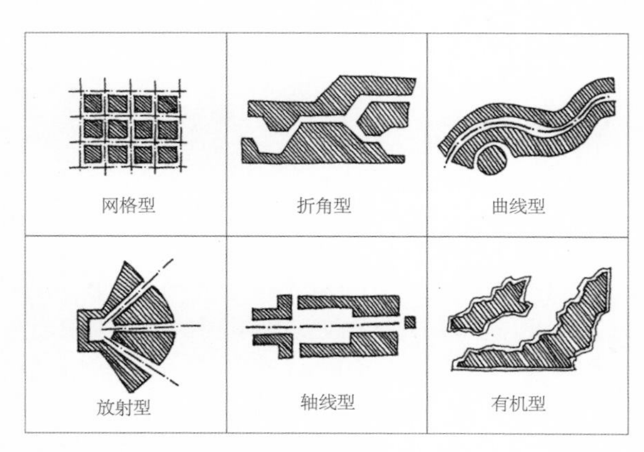

图3-26　建筑实体和空间虚体的六种类型

“连接理论”注重以“线”(lines)连接各个城市空间要素。这些线包括街道、步行道、线形开敞空间，或其他实际连接城市各单元的连接元素，从而组织起一个连接系统和网络，进而建立有秩序的空间结构。在连接理论中，最重要的是视动态交通线为创造城市形态的原动力，因此移动系统和基础设施的效率往往比界定外部空间形态更受关注。

连接理论在20世纪60年代非常流行，丹下健三是该理论的领导人物，桢文彦（Fumihiko Maki）对此理论作出了重要贡献。丹下健三在麻省理工学院设计的新社区以及他为1970年大阪世界博览会所作的规划都是通过运动系统连接的未来形态的研究（图3-27）。桢文彦在《集合形态的调查研究》（*Investigations into Collective Form*）中提出了三种不同的城市空间基本形态：合成形态（compositional form）、超大形态（megaform）和组群形态（group form）（图3-28）。在城市设计时，连接是控制建筑物及空间配置的关键。尽管连接理论在界定二元空间方向时，仍是无法获得令人满意的结果，但它对理解整体城市形态结构仍是大有裨益的。

图3-27　大阪世博会

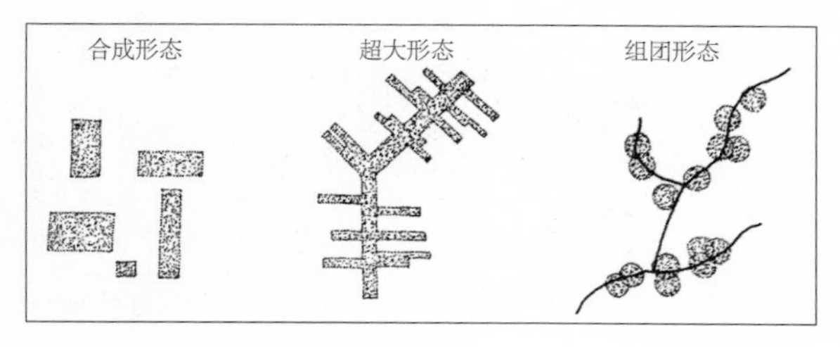

图3-28　桢文彦的空间连接的三种形态

“场所理论”的本质在于对物质空间人文特色的理解，比“图—底理论”及“连接理论”更进一步地将人性需求、文化、历史及自然环境等因素列入考虑的范畴。“空间”是有边界的或者是不同事物之间具有联系内涵的有意义的“虚体”，只有当它被赋予从文化或区域环境中提炼出来的文脉意义时，才成为“场所”。

因此，城市设计师的角色不再仅仅是摆弄空间形式，而是整合包括社会在内的整体环境中的各个部分，以创造场所。如英国巴斯的环形住宅（Circus）和皇家新月形（Royal Crescent）住宅的弧形墙，不仅仅是空间中实际存在的一个物体，并且反映了其源自环境、融于环境和与环境共存的特殊表现（图3-29）。

（2）城市设计的方法与过程

城市设计的方法大致可以分为：调查的方法（包括基础资料收集、视觉调查、问卷调查、硬地区和软地区的识别等），评价的方法（包括加权法、层次分析法、模糊评价法、判别法、列表法等），空间设计的方法（包括典范思维设计方法、程序思维设计方法、叙事思维设计方法等），反馈的方法（政府部门评估、专家顾问方式、社会评论方式、群众反映等）。

城市总是处在不断的变化中，并没有一种最终的形态和结构。而随着城市设计思想的发展和成熟，人们也逐渐认识到城市设计作为一种过程的特性。宏观上，城市设计过程有两种不同的形式。

①不自知的设计。正在进行的相对较小规模的累积，通常包括试验和修正、决策和干预几个步骤。许多城镇以这种方式缓慢和渐进地发展，从来没有作为整体进行设计。这种情况所引致的环境受到今天的高度评价。由于城市变化的步伐相对缓慢和范围相对较小，因此这样也是可行的。目前还无法评论的是，许多当代城市环境也以这种特别和局部的方式发展，没有专门规划和设计。

②自知的设计。通过开发和设计方案、计划和政策，不同的关系被有意识地整合、平衡和控制。一般有以下阶段：简要定位—设计—实施—实施后评价。每一个阶段代表一系列复杂的活动。尽管这通常被概念化为一个线性的过程，事实上，它是不断循环和反复的。这里，如果设计决策过程是循环的，则暴露出来的缺陷就可望在下一个循环中得到纠正（图3-30）。

3.3 城市交通与道路系统

3.3.1 城市交通的含义、分类及布置要求

城市交通是城市内部及城市与外部之间的人员和物资实现空间位移的载体。广义的城市交通包括城市对外交通与城市内部交通，涉及城市中地面、地下、空中交通等各种运输方式。

城市交通根据运输对象的不同分为客运交通和货运交通两大类，客运交通又可细分为公共交通和个体交通两部分；公共交通由常规公共交通、快速轨道交通和准公共交通三部分组成；个体交通则

图3-29 英国巴斯环形住宅和皇家新月住宅平面

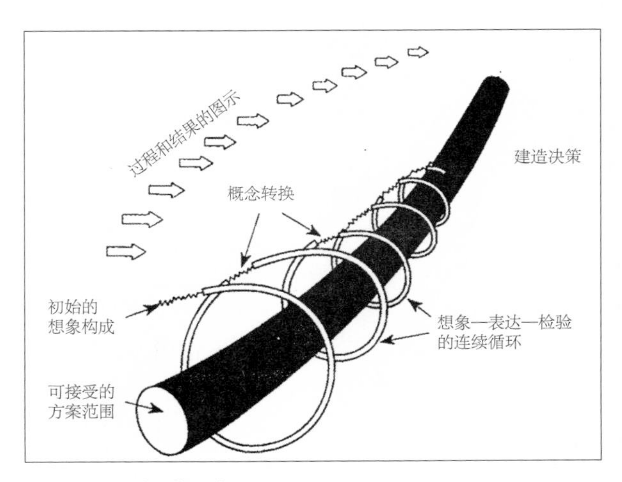

图3-30 设计螺旋示意图

由个体机动交通、自行车交通和步行交通三部分组成（图3-31）。此外，根据空间分布不同，有城市对外的市际与城乡间的交通，有城市范围内的市区与市郊间的交通。根据运输方式不同，有轨道交通、道路交通（机动车、非机动车与步行）、水上交通、空中交通、管道运输与电梯传送带等；根据运行组织形式不同，有公共交通、准公共交通和个体交通。

城市道路系统布置的基本要求有以下五条：

①在合理的城市用地功能布局基础上，按照绿色交通优先的原则组织完整的道路系统。城市各个组成部分是通过城市道路构成一个相互协调、有机联系的整体。城市道路系统规划应该以合理的城市用地功能布局为前提，在进行城市用地功能组织的过程中，应该充分考虑城市交通的要求与步行、自行车和公共交通等绿色交通体系相结合，才能得到较为完善的方案。

②按交通性质区分不同功能的道路。我国城市道路交通正处于发展的阶段，在规划中，除大城市设有快速路外，大部分城市的道路都按三级划分，采取下述的规划指标。

主干道（全市性干道）：主要联系城市中的主要工矿企业、主要交通枢纽和全市性公共场所等，为城市主要客货运输路线。

次干道（区干道）：为联系主要道路之间的辅助交通路线。

支路（街坊道路）：是各街坊之间的联系道路。

除上述分级外，为了明确道路的性质、区分不同的功能，道路系统也可以分为交通性道路和生活性道路两大类，并结合具体城市的用地情况组成各自道路系统。交通性道路是用来解决城市中各用地分区之间的交通联系以及与城市对外交通枢纽之间的联系。其特点为行车速度大、车辆多、行人少，道路平面线型要符合快速行驶的要求，对道路两旁要求避免布置吸引大量人流的公共建筑，如城市的快速路。生活性道路主要解决城市各分区内部的生产和生活活动的需要。其特点是车速较低，以行人、自行车和短距离交通为主。车道宽度可稍窄一些，两旁可布置为生活服务的人流较多的公共建筑和停车场地，要保证有比较宽敞的人行道和自行车使用的空间。

③充分利用地形，减少工程量。在规划道路系统时，要善于结合地形，尽量减少土方工程量，节约道路的基建费用，便于车辆行驶和地面水的排除。道路选线还要注意所经地段的工程地质条件，线路应选在土质稳定、地下水位较深的地段，尽量绕过水文地质不良的地段。

④要考虑城市环境和城市面貌的要求。道路走向应有利于城市通风；注重道路噪声隔离；可通过绿化、沿街建筑组织和路宽控制，反映城市面貌。

⑤要满足敷设各种管线及与人防工程相结合的要求。城市中各种管线一般都沿着道路敷设，各种管线工程的用途不同，性能和要求也不一样，规划道路时要考虑有足够的用地。

3.3.2 城市道路系统的路网结构

城市交通是城市用地空间联系的体现，而道路系统则联系着城市各功能用地，并形成了不同的路网结构。M.C.费舍里对道路系统的路网结构进行了最全面的图形分类，基本形式分为棋盘式、放射

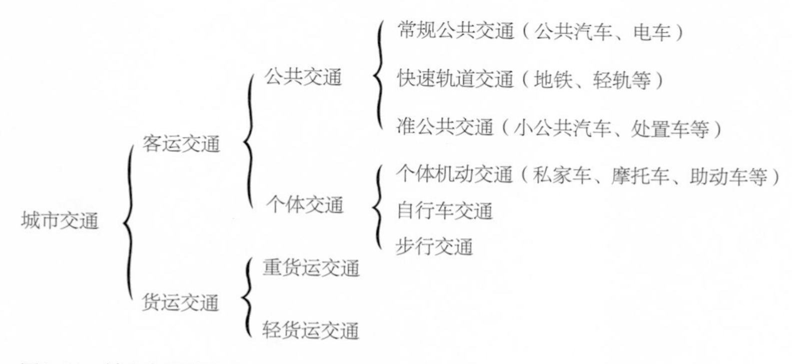

图3-31　城市交通的分类

式环式、方格网放射式、三角式、六角形式、自由式、综合式（图3-32）。不同的路网形式具有不同的特点。

①棋盘式

该模式没有明显的市中心交通枢纽，在纵横两个方向上均有多条平行道路（图3-33）。优点是可选路径多、系统通行能力大，缺点是对角线方向联系不便。

②放射式环式

放射式环式路网能够保证城市边缘各区与市中心的方便联系，但易造成市中心交通超载，形成不规则街坊（图3-34）。

③方格网放射式

这类方式又可称为棋盘加对角线式，兼具棋盘式和放射式的优点，但也可能造成交叉口交通组织的复杂化。

④三角形式

三角形式路网在欧洲一些国家较常见，干道交角常为锐角，建筑布局和交通组织均不便（图3-35）。

⑤六角形式

六角形路网的交叉口为三岔口，线型曲折迂回，可以降低车速，主要用于居住区、疗养区道路（图3-35）。

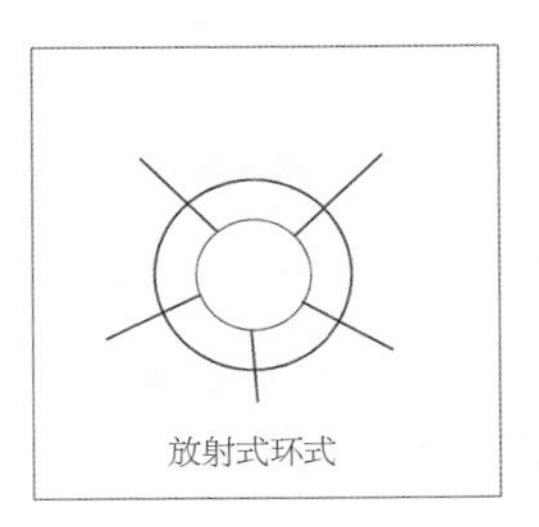

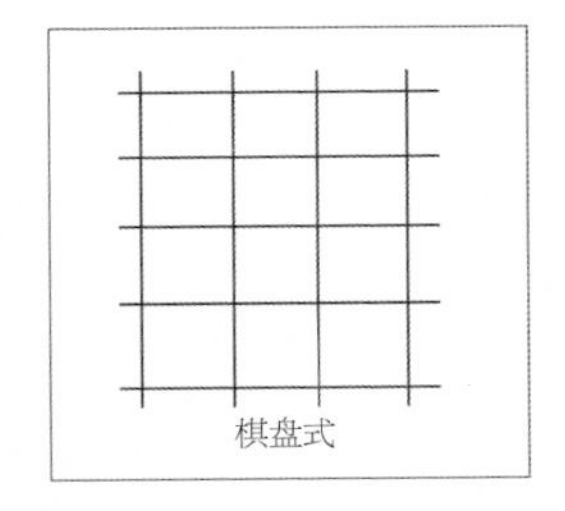

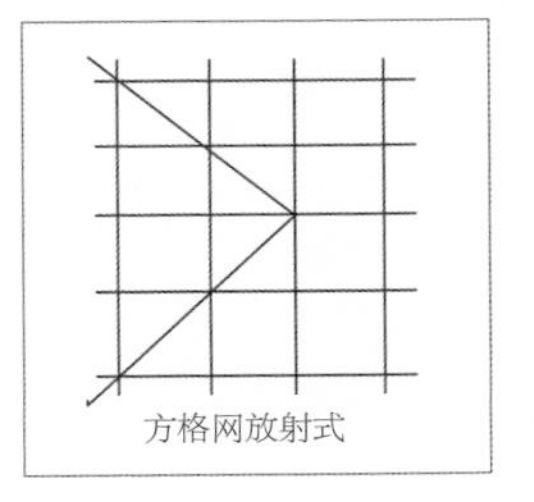

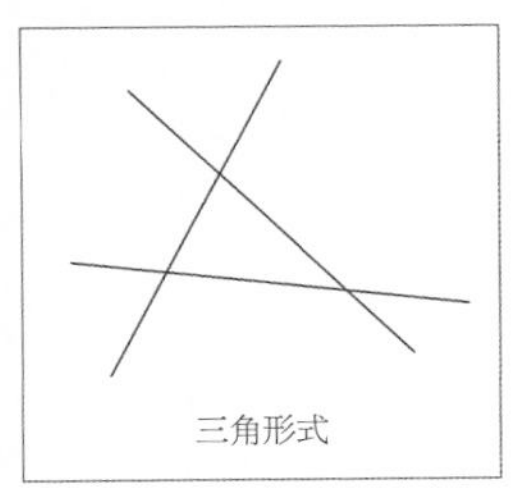

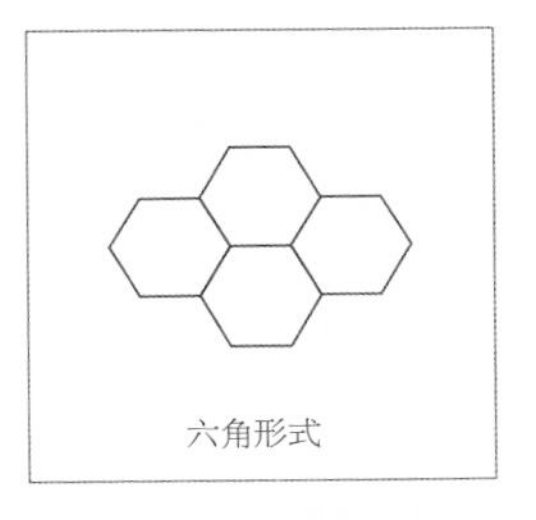

图3-32　城市路网基本形式示意图

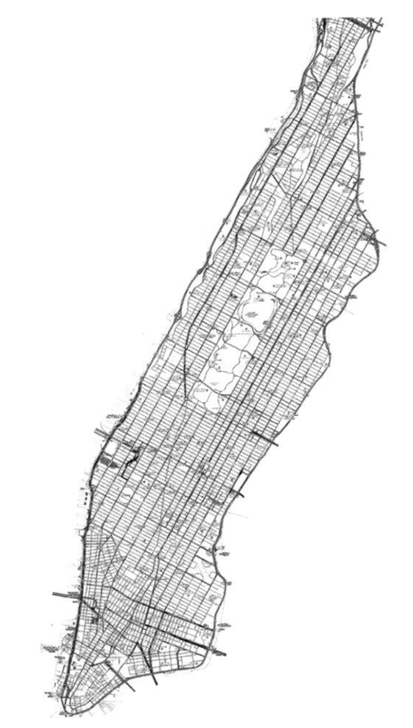

图3-33　棋盘式路网（纽约）

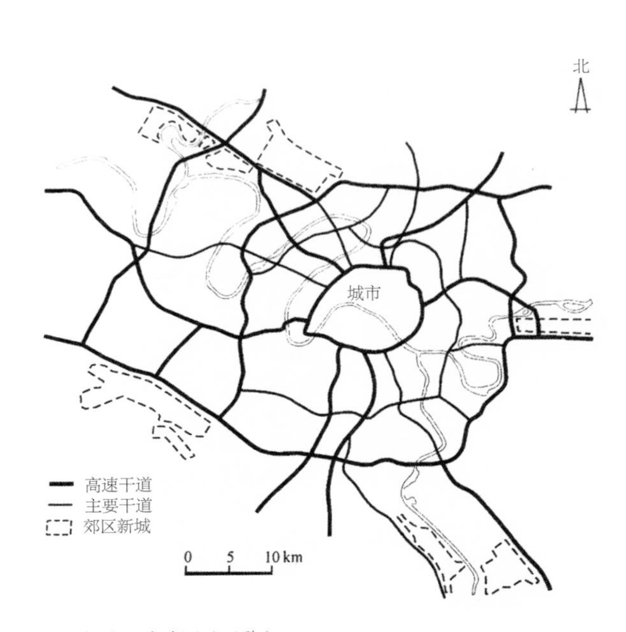

图3-34　放射式环式路网（巴黎）

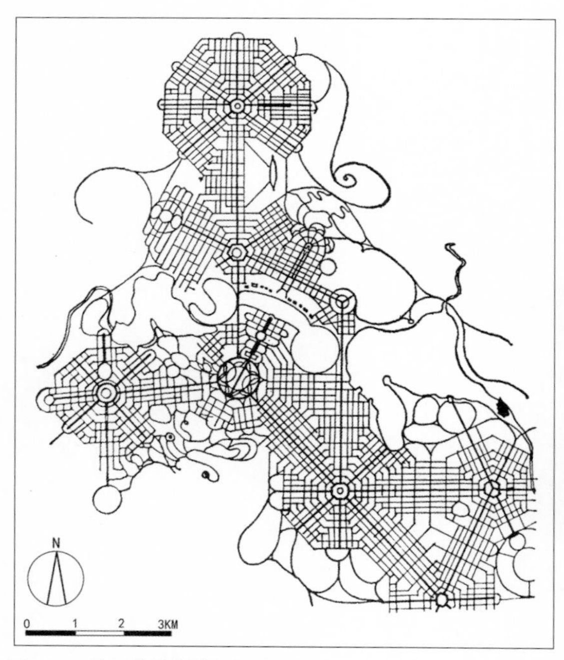

图3-35 格里芬的堪培拉规划方案

图3-36 自由式路网（重庆云阳）

⑥自由式

自由式路网通常结合地形布置，特点是没有一定的格式，变化较多，可能出现较多的不规则街坊，但也可以形成丰富的城市景观（图3-36）。

⑦综合式

由多种路网形式组合而成，目前比较普遍，如北京、上海等城市路网基本为这种模式。但这种路网的基本特性并不表明这种路网模式在任何条件下都适用。

3.4 城市生态与环境规划

3.4.1 城市生态规划概念与方法

（1）城市生态规划的概念

生态规划可以简单地归纳为应用生态学原理，即以人居环境可持续发展为目标，对人与自然环境的关系进行协调完善的规划。

城市生态规划(urban ecological planning)是生态规划在城市地区的具体化，城市生态规划与生态规划具有内在的一致性。可以说，城市生态规划是生态规划的类型之一。从一般意义上，城市生态规划可定义为：城市生态规划是以生态学及城市生态学的原理为指导，以实现城市人与环境的关系平衡协调为目的，为城市居民创造最优城市环境的一种规划类型。

（2）城市生态规划的步骤

城市生态规划应遵从自然生态原则、经济生态原则、社会生态原则和复合生态原则，在上述原则下开展工作。目前，国内外城市生态规划还没有统一的编制方法和工作规范，但不少专家学者对此已作过不同层次的研究，如美国的麦克哈格(McHarg)提出了如下的地区生态规划的步骤。

①制定规划研究的目标：确定所提出的问题。

②区域资料的生态细目与生态分析：确定系统的各个部分，指明它们之间的相互关系。

③区域的适宜度分析：确定对各种土地利用的适宜度，例如住房、农业、林业、娱乐、工商业发展和交通。

④方案选择：在适宜度分析的基础上建立不同的环境组织，研究不同的计划，以便实现理想的方案。

⑤方案的实施：应用各种战略、策略和选定的步骤去实现理想的方案。

⑥执行：执行规划。

⑦评价：经过一段时间，评价规划执行的结果，然后作出必要的调整。

（3）城市生态分析方法

城市生态规划中，常用的基础评价方法包括城市主要用地的生态适宜性分析、生态敏感性分析等，并形成相应的图件进行叠加，作为确定生态功能分区的依据。在确定规划方案时，则主要基于RS和GIS技术手段，采用网格叠加空间分析法、模糊聚类分析法和生态综合评价法等方法。

1）生态适宜性分析法

生态适宜性指土地生态适宜性，指由土地内在自然属性所决定的对特定用途的适宜或限制程度。生态适宜性分析的目的在于寻求主要用地的最佳利用方式，使其符合生态要求，合理地利用环境容量，以此创造一个清洁、舒适、安静、优美的环境。城市土地的生态适宜性分析的一般步骤如下：确定城市土地利用类型；建立生态适宜性评价指标体系；确定适宜性评价分级标准及权重，应用直接叠加法或加权叠加法等计算方法得出规划区不同土地利用类型的生态适宜性分析图。

2）生态敏感性分析法

生态敏感性是指生态系统对人类活动反应的敏感程度，用来反映产生生态失衡与生态环境问题的可能性大小。也可以说，生态敏感性是指在不损失或不降低环境质量的情况下，生态因子抗外界压力或外界干扰的能力。

生态敏感性分析是针对区域可能发生的生态环境问题，评价生态系统对人类活动干扰的敏感程度，即发生生态失衡与生态环境问题的可能性大小，如土壤沙化、盐渍化、生境退化、酸雨等可能发生的地区范围与程度，以及是否导致形成生态环境脆弱区。相对适宜性分析而言，生态敏感性分析是从另一个侧面分析用地选择的稳定性，确定生态环境影响最敏感的地区和最具保护价值的地区，为生态功能区划提供依据。

城市生态敏感性分析的一般步骤：确定规划可能发生的生态环境问题类型；建立生态环境敏感性评价指标体系；确定敏感性评价标准并划分敏感性等级后，应用直接叠加法或加权叠加法等计算方法得出规划区生态环境敏感性分析图。

3）图形叠置法

图形叠置法是一种传统的区划方法，常在较大尺度的区划工作中使用，该方法在一定程度上可以克服专家集成在确定区划界线时的主观臆断性。其基本做法是将若干自然要素、社会经济要素和生态环境要素的分布图和区划图叠置在一起，得出一定的网格，然后选择其中重叠最多的线条作为区划依据。

4）生态融合法

在模糊聚类定性分析的基础上，根据当地的实际生态状况对聚类结果进行适当的调整。当区域行政边界与模糊聚类的生态边界存在一定程度的差异时，可进行生态融合，使生态功能区域边界与行政边界尽量保持一致；同时，对细碎的斑块按照主体生态组分的特征进行融合，使区划结果更符合生态系统的完整性和管理的需求。

（4）城市生态功能区划

城市生态规划的基本工作是建立生态功能分区，为区域生态环境管理和生态资源配置提供一个

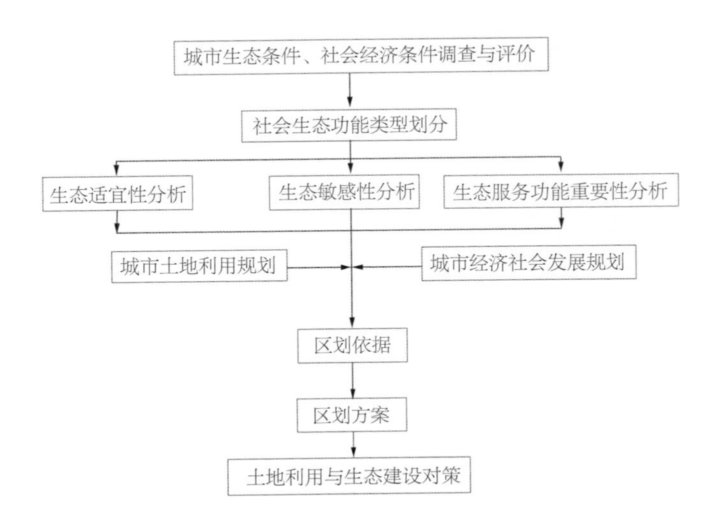

图3-37　生态功能区划程序

地理空间上的框架。

1）生态功能区划程序

城市生态功能区划以土地生态学、城市生态学、景观生态学和可持续发展理论为指导，以RS和GIS技术为支撑，以城市发展与城市土地生态系统相互作用机制为研究主线，以生态适宜性分析、生态敏感性分析、生态服务功能重要性分析等为重点，参考城市土地利用规划和城市经济社会发展规划，以实现城市土地可持续利用为目标。生态功能区划的具体程序如图3-37所示。

2）生态功能区划方法

生态功能区划按照工作程序特点可分为顺序划分法和合并法两种。其中前者又称“自上而下”的区划方法，是以空间异质性为基础的，按区域内差异最小、区域间差异最大的原则以及区域共轭性划分最高级区划单元，再依次逐级向下划分。一般大范围的区划和一级单元的划分多采用这一方法。后者又称“自下而上”的区划方法，它是以相似性为基础的，按相似相容性原则和整体性原则依次向上合并，多用于小范围区划和低级单元的划分。目前多采用自下而上、自上而下综合协调的方法。

3.4.2 城市环境规划

（1）城市环境规划的概念

城市环境规划是指对一个城市地区进行环境调查、监测、评价、区划以及因经济发展所引起的变化预测；根据生态学原则提出调整产业结构以及合理安排生产布局为主要内容的保护和改善环境的战略性部署。也就是说，城市环境规划是城市政府为使城市环境与经济社会协调发展而对自身活动和环境所作的时间和空间的合理安排。

（2）城市环境规划的指标

1）环境质量指标

环境质量指标主要表征自然环境要素（大气、水）和生活环境的质量状况，一般以环境质量标准为基本衡量尺度。环境质量指标是环境规划的出发点和归宿，所有其他指标的确定都是围绕完成环境质量指标进行的。

2）污染物总量控制指标

污染物总量控制指标是根据一定地域的环境特点和容量来确定的，其中又有容量总量控制和目标总量控制两种。前者体现环境的容量要求，是自然约束的反映；后者体现规划的目标要求，是人为约束的反映。我国现在执行的指标体系是将二者有机地结合起来，同时采用。

3）环境规划措施与管理指标

环境规划措施与管理指标是首先达到污染物总量控制指标，进而达到环境质量指标的支持性和保证性指标。这类指标有的由环境保护部门规划与管理，有的则属于城市总体规划，但这类指标的完成与否与环境质量的优劣密切相关，因而将其列入环境规划中。

4）其余相关指标

主要包括经济指标、社会指标和生态指标三类，大都包含在国民经济和社会发展规划中，都与环境指标有密切联系，对环境质量有深刻影响，但又是环境规划所包容不了的。因此，环境规划将其作为相关指标列入，以便更全面地衡量环境规划指标的科学性和可行性。对于区域来说，生态类指标也为环境规划所特别关注，它们在环境规划中将占有越来越重要的位置。

（3）城市环境质量评价内容与方法

城市环境质量评价包括如下内容：环境回顾评价，是为检验区域各类开发活动已造成的环境影响和效应以及污染控制措施的有效性，对区域的经济、社会、环境等发展历程进行总结，并对原区域环境评价预测模型和结论正确性进行验证，查找偏差及原因；环境现状评价，是依据一定的标准和方法，着眼当前情况，对区域内人类活动所造成的环境质量变化进行评价，为区域环境污染综合防治提供科学依据；环境影响评价，又称环境影响分析，是指对建设项目、区域开发计划及国家政策实施后可能对环境造成的影响进行预测和估计。

城市环境质量评价的步骤包括环境调查、环境污染监测、模拟实验、系统分析、综合评价等。

（4）城市环境预测内容与方法

目前，有关环境预测的技术方法大致可分为以下两类。

①定性预测技术：常常带有强烈的主观色彩，在某种意义上跟现代化的管理水平是不相适应的。但定性预测技术方法以逻辑思维为基础，综合运用这些方法，对分析复杂、交叉和宏观问题十分有效。如专家调查法（召开会议、书面征询意见）、历史回顾法、列表定性直观预测等。

②定量（或半定量）预测技术：定量预测有时相当复杂，但由于计算机技术已得到广泛应用，因此，只要能够获取过去一段时间内的有效信息，便可通过建立一定的数学模型，再通过计算机来完成预测工作。由于城市环境规划是要达到合理投资、使用与支配环境保护资金的目的，所以应尽可能使预测定量化。定量预测技术以运筹学、系统论、控制论、系统动态仿真和统计学为基础，对于定量分析环境演变，描述经济社会与环境相关关系比较有效。常用方法有外推法、回归分析法等。只有具有外推性的模型才具有预测功能。所谓外推性是指从时间发展来看，事物所具有的某种规律性。

3.4.3　城市绿地规划

（1）城市绿地分类

根据新形势下绿地建设的需要，建设部颁布了《城市绿地分类标准》，批准为行业标准，于2002年9月1日起正式实施。该标准首先对城市绿地作了明确的定义，即："所谓城市绿地是指以自然植被和人工植被为主要存在形式的城市用地。它包含两个层次的内容：一是城市建设用地范围内用于绿化的土地；二是城市建设用地之外，对城市生态、景观和居民休闲生活具有积极作用、绿化环境较好的区域。"

（2）城市绿地系统规划内容

城市绿地系统规划包括以下几个方面的内容。

①确定城市绿地系统规划的目标及原则。

②根据国家统一的规定及城市自身的省厅要求，国民经济计划，生产、生活水平以及城市发展规模等，研究城市绿地建设的发展速度与水平，拟定城市绿地的各项指标。

③选择和合理布局各项绿地，确定其性质、位置、范围和面积等，使其与整个城市总体规划的空间结构相结合，形成一个合理的系统。

④提出各类绿地调整、充实、改造、提高的意见，进行树种及生物多样性保护与建设规划，提出分期建设及实施措施与计划。

⑤编制城市绿地系统规划的图纸及文件。

⑥对重点的公园绿地提出规划设计方案，提出重点地段绿地设计任务书以备详细规划使用。

（3）城市绿地系统布局

绿地在城市中有不同的分布形式，总的来说可以概括为八种基本模式，即点状、环状、放射状、放射环状、网状、楔状、带状和指状（图3-38）。就我国而言，各城市的绿地系统形式概括起来可以分为点状、环状、网状和楔状。

点状绿地。是指绿地以大小不等的地块形式分布于城市之中。这种布局较多存在于较早的城市绿地建设中。其优点在于做到均匀分布、接近居民，但由于规模太小，加之位置分散，难以充分发挥绿地调节城市气候、改善城市生态效益等功能（图3-39）。

环状绿地。指绿地沿城市河流水系、山脊、谷地、道路、城墙等分布，形成环形的绿地。环状绿地多与楔状绿地结合，楔状绿地指由郊区伸入市中心的由宽到窄的绿地。这样的绿地结合有利于联系绿地形成网络，创建生态廊道，保护动物迁徙路

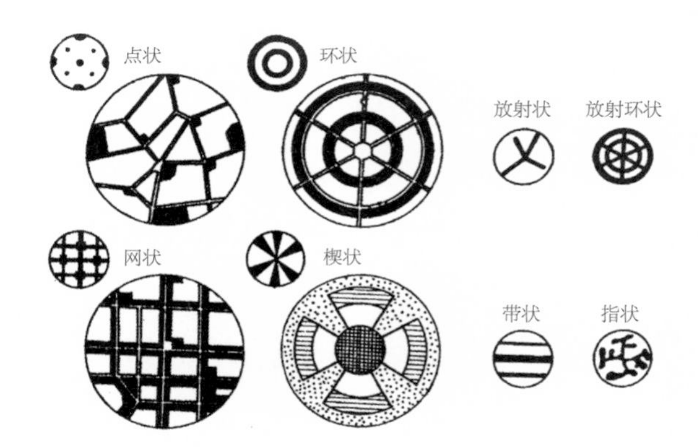

图3-38　绿地布局的几种基本模式

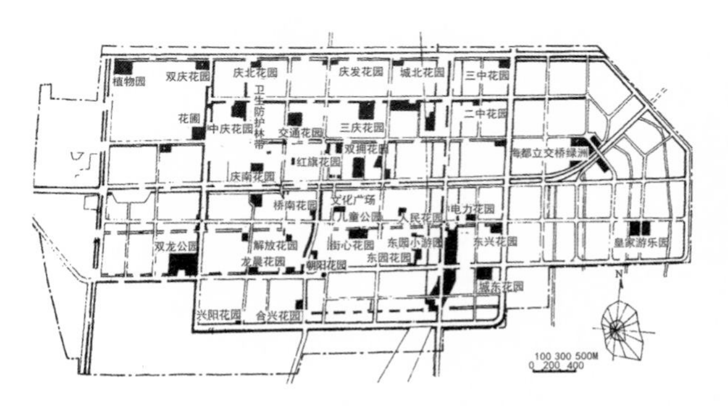

图3-39　以块状绿地为主的布局实例——射洪县绿地系统规划图

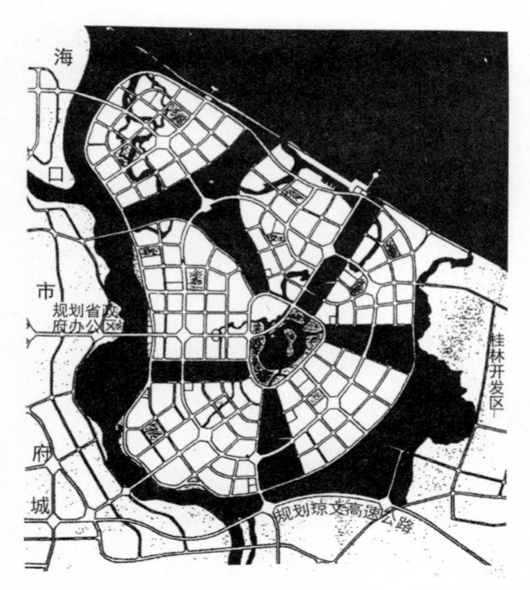

图3-40　以楔状、环状绿地为主的布局实例——海南琼山新市区绿地系统规划图

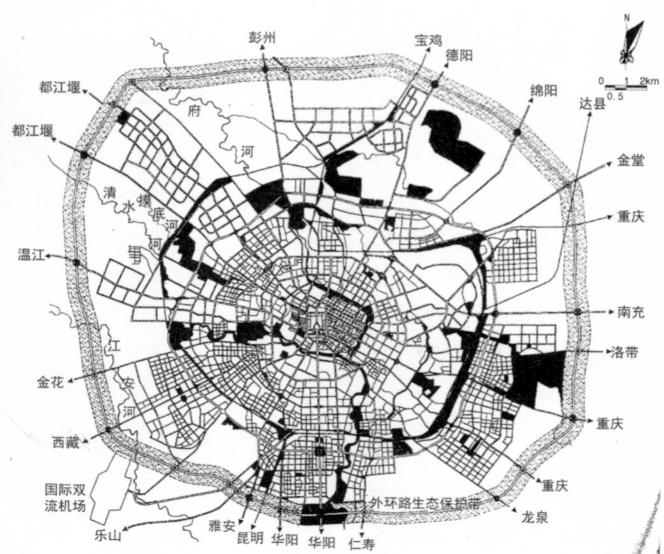

图3-41　成都市绿地系统布局结构图

线，引入外界新鲜空气，缓解城市热岛效应等重要作用（图3-40）。

将各种绿地有机地结合在一起的布局形式可以称为混合式绿地布局。混合绿地结合了各种绿地布局的优点，是现代城市绿地规划及建设常用的一种形式。在绿地布局中做到了点、线、面的结合，可以分布均匀，方便居民休闲游憩，又利于城市小气候的改善及良好人居环境的形成（图3-41）。

城市绿地规划布局中，没有一个固定的模式套用，将不同的绿地布局结合城市现状及自然条件，形成点、线、面有机结合的布局模式，促进完善、合理、稳定的城市绿色网络构建。

3.5　城市工程系统规划

3.5.1　城市给水排水系统规划

（1）城市给水工程系统规划

城市给水工程系统由城市取水工程、净水工程、输配水工程等组成。城市取水工程包括城市水源（含地表水、地下水）、取水口、取水构筑物、提升原水的一级泵站以及输送原水到净水工程的输水管等设施，还应包括在特殊情况下为蓄、引城市水源所筑的水闸、堤坝等设施。取水工程的功能是将原水取、送到城市净水工程，为城市提供足够的水源。净水工程包括城市自来水厂、清水库、输送净水的二级泵站等设施。净水工程的功能是将原水净化处理成符合城市用水水质标准的净水，并加压输入城市供水管网。输配水工程包括从净水工程输入城市供配水管网的输水管道，供配水管网以及调节水量、水压的高压水池、水塔、清水增压泵站等设施。输配水工程的功能是将净水保质、保量、稳压地输送至用户。

（2）城市排水工程系统规划

城市排水工程系统由雨水排放工程、污水处理与排放工程组成。城市雨水排放工程有雨水管渠、雨水收集口、雨水检查井、雨水提升泵站、排涝泵站、雨水排放口等设施，还应包括为确保城市雨水排放所建的水闸、堤坝等设施。城市雨水排放工程的功能是及时收集与排放城区雨水等降水，抗御洪水、潮汛水侵袭，避免和迅速排除城区渍水。城市污水处理与排放工程包括污水提升泵站、污水排放口等设施。污水处理与排放工程的功能是收集与处理城市各种生活污水、生产废水，综合利用、妥善排放处理后的污水，控制与治理城市水污染，保护城市与区域的水环境。

3.5.2 城市能源工程系统规划

（1）城市供电工程系统规划

城市供电工程系统由城市电源工程、输配电网络工程组成。

城市电源工程主要有城市电厂、区域变电所（站）等电源设施。城市电厂是专为本城市服务的火力发电厂、水力发电厂（站）、核能发电厂（站）、风力发电厂、地热发电厂等电厂。区域变电所（站）是区域电网上供给城市电源所接入的变电所（站）。区域变电所（站）通常是大于等于110 kV电压的高压变电所（站）或超高压变电所（站）。城市电源工程具有自身发电或从区域电网上获取电源，为城市提供电源的功能。

城市输配电网络工程由城市输送电网与配电网组成。城市输送电网含有城市变电所（站）和从城市电厂、区域变电所（站）接入的输送电线路等设施。城市变电所通常为大于10 kV电压的变电所。城市输送电线路以架空电缆为主，重点地段采用直埋电缆、管道电缆等敷设形式。输送电网具有将城市电源输入城区，并将电源变压进入城市配电网的功能。城市配电网由高压、低压配电网等组成。高压配电网电压等级为1～10 kV含有变配电所（站）、开关站，1～10 kV高压配电线路。高压配电网具有为低压配电网变、配电源，以及直接为高压电用户送电等功能。高压配电线路通常采用直埋电缆、管道电缆等敷设方式。低压配电网电压等级为220 V～1 kV含低压配电所、开关站、低压电力线路等设施，具有直接为用户供电的功能。

（2）城市燃气工程系统规划

城市燃气工程系统由燃气气源工程、储气工程、输配气管网工程等组成。

城市燃气气源工程包含煤气厂、天然气门站、石油液化气气化站等设施。煤气厂主要育炼焦煤气厂、直立炉煤气厂、水煤气厂、油制气煤气厂四种类型。天然气门站收集当地或远距离输送来的天然气。石油液化气气化站是目前无天然气、煤气厂的城市用作管道燃气的气源，设置方便、灵活。气源工程具有为城市提供可靠的燃气气源的功能。

燃气储气工程包括各种管道燃气的储气站、石油液化气的储存站等设施。储气站储存煤气厂生产的燃气或输送来的天然气，调节、满足城市日常和高峰时的用气需要。石油液化气储存站具有满足液化气气化站用气需求和城市石油液化气供应站的需求等功能。

燃气输配气管网工程包含燃气调压站、不同压力等级的燃气输送管网、配气管道。一般情况下，燃气输送管网采用中、高压管道，配气管为低压管道。燃气输送管网具有中、长距离输送燃气的功能，不直接供给用户使用。配气管则具有直接供给用户使用燃气的功能。燃气调压站具有升降管道燃气压力之功能，以便于燃气远距离输送，或由高压燃气降至低压，向用户供气。

（3）城市（集中）供热系统规划

城市供热工程系统由供热热源工程和供热管网工程组成。

供热热源工程包含城市热电厂（站）、区域锅炉房等设施。城市热电厂（站）是以城市供热为主要功能的火力发电厂（站），供给高压蒸汽、采暖热水等。区域锅炉房是城市地区性集中供热的锅炉房，主要用于城市采暖，或提供近距离的高压蒸汽。

供热管网工程包括热力泵站、热力调压站和不同压力等级的蒸汽管道、热水管道等设施。热力泵站主要用于远距离输送蒸汽和热水，热力调压站调节蒸汽管道的压力。

3.5.3 城市通信工程系统规划

城市通信工程系统由邮政、电信、广播电视等分系统组成。

城市邮政系统通常有邮政局所、邮政通信枢纽，报刊门市部、售邮门市部、邮亭等设施。邮政局所经营邮件传递、报刊发行、电报及邮政储蓄等业务。邮政通信枢纽起收发、分拣各种邮件之作用。邮政系统具有快速、安全传递城市各类邮件、报刊及电报等功能。

城市电信系统由电话局（所、站）和电话网组成，有长途电话局和市话局（含各级汇接局、端局等）、微波站、移动电话基站、无线寻呼台以及无线电收发台等设施。电话局（所、站）具有收发、交换、中继等功能。电信网包括电信光缆、电信电缆、光缆接点、电话接线箱等设施，具有传送包括语音、数据等各种信息流的功能。

城市广播电视系统有无线电广播电视和有线广播电视两种发播方式。广播电视系统含有广播电视台站工程和广播电视线路工程。广播电视台站工程有无线广播电视台、有线广播电视台、有线电视前端、分前端以及广播电视节目制作中心等设施。广播电视线路工程主要有有线广播电视的光缆、电缆以及光电缆管道等。广播电视台站工程的功能是制作、播放广播节目。广播电视线路工程的功能是传递信息，还有数据传输等互联网功能。

3.5.4 城市环境卫生工程系统规划

城市环境卫生工程系统由城市垃圾处理厂（场）、垃圾填埋场、垃圾收集站和转运站、车辆清洗场、环卫车辆场、公共厕所以及城市环境卫生管理设施组成。城市环境卫生工程系统的功能是收集与处理城市各种废弃物，综合利用，变废为宝，清洁市容，净化城市环境。

城市环境卫生工程系统规划的主要任务是根据城市发展目标和城市规划布局，确定城市环境卫生设施配置标准和垃圾集运、处理方式；合理确定主要环境卫生设施的数量、规模；科学布局垃圾处理场等各种环境卫生设施；制定环境卫生设施的隔离与防护措施；提出垃圾回收利用的对策与措施。

3.5.5 城市防灾工程系统规划

由于城市财富和人员高度集中，一旦发生灾害，造成的损失很大。所以，在区域减灾的基础上，城市应采取措施，立足于防。城市防灾工作的重点是防止城市灾害的发生，以及防止城市所在区域发生的灾害对城市造成影响。因此，城市防灾不仅仅指防御或防止灾害的发生，实际上还应包括对城市灾害的监测、预报、防护、抗御、救援和灾后恢复重建等多方面的工作。

城市防灾措施可以分为两种，一种为政策性措施，另一种为工程性措施，二者是相互依赖、相辅相成的。政策性措施又可称为“软措施”，工程性措施可称为“硬措施”，必须从政策制定和工程设施建设两方面入手，“软硬兼施，双管齐下”，才能搞好城市的防灾工作。

城市防灾系统主要由城市消防，防洪（潮汛）、抗震、防空袭等系统及救灾生命线系统等组成。

城市消防系统有消防站（队）、消防给水管网、消火栓等设施。消防系统的功能是日常防范火灾、及时发现与迅速扑灭各种火灾，避免或减少火灾损失。

城市防洪（潮、汛）系统有防洪（潮、汛）堤、截洪沟、泄洪沟、分洪闸、防洪闸、排涝泵站等设施。城市防洪系统的功能是采用避、拦、堵、截、导等各种方法，抗御洪水和潮汛的侵袭，排除城区涝渍，保护城市安全。

城市抗震系统主要在于加强建筑物、构筑物等抗震强度，合理设置避灾疏散场地和道路。

城市人防系统包括防空袭指挥中心、专业防空设施、防空掩体工事、地下建筑、地下通道以及战时所需的地下仓库、水厂、变电站、医院等设施。有关人防设施在确保其安全要求的前提下，尽可能为城市日常活动使用。城市人防系统的功能是提供战时市民防御空袭、核战争的安全空间和物资供应。

城市救灾生命线系统由城市急救中心、疏运通道以及给水、供电、燃气、通信等设施组成。城市救灾生命线系统的功能是在发生各种城市灾害时，提供医疗救护、运输以及供水、电、通信调度等物质条件。

3.5.6 城市管线综合规划

（1）城市管线的种类

城市工程管线种类多而复杂，按工程管线性能和用途可分为：

①给水管道：包括工业给水、生活给水、消防给水等管道。

②排水沟道：包括工业污水（废水）、生活污水、雨水、降低地下水等管道和明沟。

③电力线路：包括高压输电、高低压配电、生产用电、电车用电等线路。

④电信线路：包括市内电话、长途电话、电报、有线广播、有线电视等线路。

⑤热力管道：包括蒸汽、热水等管道。

⑥可燃或助燃气体管道：包括煤气、乙炔、氧气等管道。

⑦空气管道：包括新鲜空气、压缩空气等管道。

⑧灰渣管道：包括排泥、排灰、排渣、排尾矿等管道。

⑨城市垃圾输运管道。

⑩液体燃料管道：包括石油、酒精等管道。

⑪工业生产专用管道：主要是工业生产上用的管道，如氯气管道以及化工专用的管道等。

在我国，作为一般意义上的城市工程管线来说，主要指上述前六种管线。

（2）城市工程管线综合规划的内容

城市工程管线综合规划的主要内容可分为总体规划和详细规划两个层次。总体规划层次主要确定各管线走向，详细规划阶段则深入到管线标高、排列位置、覆土要求等具体内容。

3.5.7 城市用地竖向规划

城市用地竖向规划工作的基本内容应包括下列方面。

①结合城市用地选择，分析研究自然地形，充分利用地形，尽量少占或不占良田。对一些需要经过工程处理才能用于城市建设的地段，提出工程措施方案要求。

②综合解决城市规划建设用地的各项关键性控制标高问题，如防洪堤、排水口、桥梁和道路交叉口等。

③使城市道路的纵坡度既能满足交通的要求，又能结合地形地貌。

④合理可靠地解决城市建设用地的地面排水。

⑤经济、科学地进行山区土地的土方工程，尽可能达到填方、挖方平衡。避免填方无土源，挖方土无出路，或填挖方土运距过大。

⑥合理利用地形，注意城市环境的立体空间美观要求。

城市用地竖向规划的工作，应与城市规划各工作阶段配合进行，一般分为总体规划与详细规划阶段。各阶段的工作内容与具体做法要与该阶段的规划深度、所能提供的资料以及要求综合解决的问题相适应。在总体规划阶段确定的一些控制标高应作为确定详细规划阶段标高的依据。

| 小结 |

本章介绍的城乡专项规划是城乡总体规划的若干主要方面、重点领域的展开、深化和具体化，主要包括城乡住区规划、城市设计、城市交通与道路系统、城市生态与环境规划和城市工程系统规划五个部分。本章主要讲解了五个专项规划的概念、内容、规划设计方法及相关指标要求等内容，有助于理解城乡规划体系、各城乡专项规划内容，并掌握基本的设计原则、思路和方法。

| 重点及难点 |

本章的重点及难点集中在前三节。包括第一节城乡住区规划中的住区概念、规模、结构和规划设计；第二节城市设计中的基本理论和方法；第三节城市交通与道路系统中的布置要求和路网结构。第四节城市生态与环境规划和城市工程系统规划应了解规划对象和规划方法。

| 作业 |

1.住区划分为哪三个层次，对应的人口规模是多少？

2.邻里单位模式的六条原则是什么？

3.选取2～3个不同的住区，比较其建筑组合方式和平面结构。

4.简述罗杰·特兰西克归纳的三种研究城市空间的设计理论。

5.选取2～3个不同的城市，比较城市的路网结构。

6.简述城市工程系统的构成。

4 城市规划的实施及管理

4.1 城市开发

城市开发是围绕城市土地使用的一种经济性活动，主要以城市物业(土地和房屋)、城市基础设施(市政公用设施与公共服务设施)为对象，通过资金与劳动的投入，形成与城市功能相适应的城市物质空间品质，并通过提供服务，或经过交换、分配、消费等环节实现一定的经济、社会或环境的目标。

4.1.1 城市开发类型

(1) 新开发与再开发

按照土地属性的不同，城市开发可分为新开发与再开发。新开发是将土地从其他用途转化为城市用途的开发过程；再开发是城市空间的物质性置换过程，如土地功能性变更，或者土地开发用高强度开发代替低强度开发。

① 新城开发方式从空间形态上可概括为外延式、跨越式、聚合式和内涵式。

新城外延式开发有两种形式：第一种圈层扩张发展，俗称“摊大饼”。现在，地形条件允许的大城市几乎是以这种开发形式为主，这类城市都位于地势较平坦的地区，如成都、北京；另一种是沿轴线发展，如沿河流、沿公路铁路交通轴线发展，这类城市的建设用地受地形影响较大，如兰州，或开发规模较小的中小城镇。新城跨越式开发也有两种形式：其一是卫星城，一个母城带若干个小城，如上海中心城与“一城九镇”的关系；其二是组团式，主要由产业分工、重大设施建设和城市地理条件限制所引起，如我国20世纪有许多工业城市“厂城分离”的开发格局。聚合式开发表现为城市功能区和组团的聚合，如重庆市的多中心组团式发展。内涵式开发可以理解为将建筑物更新后转变用途或经改造后提高效用，有别于新开发也有别于推倒重建的再开发，我国的北京、上海、青岛等城市经过更新和改造后改变用途的成果项目较多，实现了内涵式集约化发展。

②城市再开发是指对城市已开发地区进行具有一定规模的更新改造的开发活动。这是城市步入后工业化时代面临人口规模波动、产业结构调整以及社会环境变迁的一种应对策略。城市再开发提倡对现状或过去的保存或复原，并强调在正确把握未来变化的基础上更新城市的功能，改善城市人居环境，恢复城市在国家或区域社会经济发展中的牵引作用。

城市再开发与旧城更新联系较为紧密，其主要有两种形式：一是城市中心区复兴，一是城市工业区再开发。

城市中心区复兴最早是欧美国家为应对其中心城区衰败而实施的一系列开发方法与措施。其主要营造以人为中心的环境和空间，注重增加商业服务功能，开辟城市旅游功能，增强城市社区活力，促成良好的邻里关系，改善社区；同时通过对历史建筑的改造与利用，保护城市历史文化。

城市工业区再开发，指把城市内部的纯粹制造工业区改造转换为其他功能的用地，如城市产业升级，或制造业转化为城市现代服务业的功能置换。

一般来说，新开发和再开发的时空分布规律是从城市的生长期到成熟期新开发活动递减再开发活动递增：从城市的中心区到边缘区新开发活动递增而再开发活动递减。

(2) 公共开发与商业开发

公共开发的机构主要是政府；商业性开发的机构主要是专业房地产开发公司、社会机构和业主本身。

相应的城市空间也可以分为两类：公共空间和非公共空间。公共空间包括公共绿地、道路和其他公共设施的用地；非公共空间则指各类产业活动和居住活动的用地。

公共开发在城市开发中起着主导作用，公共空间构成了城市空间的发展框架，为各种非公共开发活动既提供了可能性也规定了约束性。所以，公共开发又被称作第一性开发活动，非公共开发则被称作第二性开发活动。

（3）功能区开发的分类

按照开发区的主要功能划分，城市开发又可以分为城市生活区开发、城市产业区开发、城市中心区开发等开发形式。

（4）其他开发类型分类

从城市开发过程看，可以将开发分为土地开发和建筑物业开发两种类型。土地开发包括道路和市政基础设施、场地平整和清理或基地开发。土地开发是建筑物业开发的先决条件。在城市新区的成片开发中，首先是基地开发，然后是地块出让和建筑物业开发。

城市土地开发是城市经济、社会发展的前提和基础，是城市建设的前期工程，城市各项建设事业在此基础上才能顺利地发展起来。

城市土地开发类型大致包括四种类型：通过围海、围湖造地等方式开拓、增加土地并把这些土地用于城市建设；整合土地资源，将废弃、闲置的土地（如河滩盐碱地、荒山等)经过平整、开发用于各项建设，变为城市建设用地或开发为小城镇等；改变原有土地的使用功能(主要是农田)，通过投资，进行各项基础设施建设，将低效利用变为高效利用，从而提高土地价值和使用价值；对已经或开始衰落的城市中的某一区域(如城市产业衰弱地区)，进行新的投资和建设，使之重新发展和繁荣。

4.1.2 城市开发的目标和任务

大城市开发目标选择往往分成两个层面：总体目标和具体目标。总体目标选择的原则有两个：确保城市的可持续发展；确保城市开发的最佳效果。

总体目标是一般且高度概括的目标，通常可分为几大类别，如社会、经济、环境等。例如，上海市总体城市开发的目标是建设国际级城市、历史文化名城等。

城市开发的总体目标确定以后就要制订具体目标。城市开发的具体目标要落实到城市空间的某一部分，例如中心区、经济技术开发区、高新园区和教育园区等。具体目标设定具体任务，分阶段设定达到目标需要做的事情；同时，应制订相应的行动具体计划，保障任务实施的可行性。各项任务都要量力而行，不能造成不必要的建设资源浪费。

城市开发都对城市发展提出了很多不同类型的目标与任务，要通盘考量它们之间的关系，分清主次、先后以及对城市的影响，整合成一个系统、可行、统一的开发方案。

4.1.3 城市空间开发的时序

城市空间开发的时序规划，是一种动态的规划手段，是把空间开发的诸多因素，如开发面积、高度、现金流量和时间序列有机结合起来。它是在综合评价城市的历史发展进程、正视城市的现实状况和科学预测未来城市发展规模与定位等的基础上，按照时间轴的形式，确定不同历史时期所对应的城市空间立体(面积与高度)开发和资金投入的规划。它是对空间和现金流量，按照时间序列所作的城市空间全面开发规划。

城市空间开发的时序规划主要内容包括土地开发的时序规划和城市开发资金的时序规划。

（1）土地开发的时序规划

土地是城市的主要资源而且是不可再生的，进行土地开发的时序规划是为了保证城市的可持续发展。其主要开发模式包括以下三种。

1）以点连成片，相对集中开发

该模式主要针对于某些原有结构不合理、功能不全或已不适合发展需要的旧区，进行土地使用性质的调整。该模式首先选择条件相对成熟的一个或几个点进行先期开发。这些点一般空间距离较近且产权、使用权相对集中，能够提供相对集中开发的条件。对这些点的先期开发，既可做到功能上的更新，又可在空间上形成“集聚效应”，带动整个区域的开发，最终将周边的点融入开发之中。

2）以点带面，滚动梯度型开发

即通过集中对某一地段、地区重点先进行开发、改造，提高其使用功能和区位价值；然后以此为中心，进行辐射式带动相关周边地段和地区的开发改造。这种开发形式表现为以一些重大市政建设项目及城市基础设施的改造为契机，来增加土地利用系数和调整土地使用功能，合理布局城市的空间结构，从而满足城市的社会功能需求。

3）以项目为契机，分片开发

即以某一个或几个建设项目为中心，进行城市土地的开发改造，逐渐形成新的商业街、居住小区、工业街坊以及新兴卫星城，从而合理填补、充实原有城市功能，增加城市功能，适应城市现代化发展的需要。

（2）城市开发资金的时序规划

城市开发是资金密集型产业，因此资金融通是重要课题。当前城市开发的主要资金来源由三方面构成：其一是政府拨款，其二是银行贷款，其三是自筹资金。如何筹集资金、合理运用资金，这就是资金时序规划的目的。其主要内容包括资金的时间价值和项目经济效益动态评价。

4.1.4 城市开发的组织与管理

我国的城市开发区组织管理模式大致可分为行政主导型、“公司制”以及混合型三大类。

（1）行政主导型管理模式

行政主导型管理模式，也就是在开发区的管理过程中，突出强调政府行政部门在开发区管理中的主导作用，由所在地区的城市政府或政府业务部门进行直接管理。行政主导型管理模式根据开发区管委会的职能强弱，又可分为“纵向协调型”管理模式和“集中管理型”管理模式两种。

1）“纵向协调型”管理模式

“纵向协调型”管理模式是由所在城市的政府全面领导开发区的建设与管理。所在城市的人民政府设置开发区管理委员会或开发区办公室管委会(办公室)，其成员由原政府行业或主管部门的主要负责人组成。开发区各类企业的行业管理和日常管理仍由原行业主管部门履行，开发区管委会只负责在各部门之间进行协调，不直接参与开发区的日常建设管理和经营管理。

2）“集中管理型”模式

“集中管理型”模式是我国大多数开发区所采用的管理模式。这种管理模式一般由市政府在开发区设立专门的派出机构——开发区管理委员会，来全面管理开发区的建设和发展。这种管理模式中的开发区管理委员会具有较大的经济管理权限和相应的行政职能。

（2）“公司制”管理模式

“公司制”管理模式又称为企业型管理模式或无管委会管理模式。这种管理模式主要是以企业作为开发区的开发者与管理者。这种组织管理模式目前在县、乡(镇)级的开发区建设中使用较多。一般是由县、乡(镇)政府划出一块区域设立开发区，通过建立经济贸易发展开发总公司作为经济法人，来组织区内的经济活动并由经济贸易发展开发总公司承担部分政府职能。总公司直接向县、乡(镇)政府负责实行承包经营担负土地开发、项目招标、建设管理、企业管理、行业管理和规划管理六种职能。

（3）混合型管理模式

混合型管理模式是介于行政主导型和公司制管理模式之间的一种管理模式，也可以是采用两者结合的方式来管理开发区的一种管理模式。混合型管理模式在我国又有政企合一和政企分开两种具体的模式。

4.2 城市规划管理

4.2.1 城市规划管理的主要工作内容

（1）城市规划编制的组织

《城乡规划法》赋予地方各级政府编制不同级别城乡规划的权利，而具体的规划编制组织工作则是由各级城乡规划管理部分来承担的。

规划管理部门根据各级政府的工作计划，定期开展战略性的规划编制工作，并履行相应的报批程序。战略性的规划，如区域规划、总体规划是在宏观层面指导城乡发展和城乡空间布局的重要依据。这些规划涉及问题重大，牵涉范围广，编制与修订程序复杂，需要规划管理部门投入大量的组织与协调精力。

这些战略性规划的宏观性、指导性的内容，需要通过下层次的规划不断推进，逐步落实到可以直接规范具体建设行为开展的操作性规划。比如，城市总体规划是城市发展和建设的总纲，需要通过近期建设规划来对近期建设进行总体性的安排，通过控制性详细规划来对具体的建设行为进行规范。

就我国现有的城市规划编制体系而言．近期建设规划依据城市总体规划，结合国民经济和社会发展规划以及土地利用总体规划和年度计划，以重要基础设施、公共服务和中低收入居民住房建设以及生态环境保护为重点内容，明确近期建设的时序、发展方向和空间布局。通过组织编制近期建设规划，可以明确城市总体规划的实施步骤和时序安排，有序推进城市总体规划的实施。

在建设项目管理中，控制性详细规划具有决定性的作用。根据《城乡规划法》的有关规定，未编制控制性详细规划就不得进行国有土地使用权的出让，也不得进行规划的许可。因此，组织编制控制性详细规划是城市规划部门的重要工作内容。

（2）城市规划实施的管理

城市规划进行土地使用和建设项目管理主要是对各项建设活动实行审批或许可、监督检查以及对违法建设行为进行查处等管理工作。通过对各项建设活动进行规划管理，保证各项建设能够符合城市规划的内容和要求，使各项建设对城市规划实施作出贡献，并限制和杜绝超出经法定程序批准的规划所确定的内容，保证法定规划得到全面和有效的实施。

根据《城乡规划法》的有关规定，现行的城市规划实施管理的手段主要包括建设用地的管理、建设工程的管理和建设项目实施的监督检查。

（3）城市规划实施的组织

政府根据城市发展的阶段和能力，针对城市面临的实际问题，确定城市规划实施的原则和具体行动步骤，推进城市规划的实施。我国《城乡规划法》第二十八条明确规定："地方各级人民政府应当根据当地经济社会发展水平，量力而行，尊重群众意愿，有计划、分步骤地组织实施城乡规划。"对于城市、镇以及乡、村庄规划实施组织，《城乡规划法》第二十九条明确了具体要求："城市的建设和发展，应当优先安排基础设施以及公共服务设施的建设，妥善处理新区开发与旧区改建的关系，统筹兼顾进城务工人员生活和周边农村经济社会发展、村民生产与生活的需要"，"镇的建设和发展，应当结合农村经济社会发展和产业结构调整，优先安排供水、排水、供电、供气、道路、通信、广播电视等基础设施和学校、卫生院、文化站、幼儿园、福利院等公共服务设施的建设，为周边农村提供服务"，"乡、村庄的建设和发展，应当因地制宜、节约用地，发挥村民自治组织的作用，引导村民合理进行建设，改善农村生产、生活条件。"由国家的法律规定可以看出，政府是组织城市规划实施的主体。

在基本原则和具体要求的指导下，规划实施组织工作的开展还涉及确定城市建设开展的时序、规模和布局等。《城乡规划法》第三十和三十一条规定："城市新区的开发和建设，应当合理确定建设规模和时序，充分利用现有市政基础设施和公共服务设施，严格保护自然资源和生态环境，体现地方特色"，"在城市总体规划、镇总体规划确定的建设用地以外，不得设立各类开发区和城市新区"，"旧城区的改建，应当保护历史文化遗产和传统风貌，合理确定拆迁和建设规模，有计划地对危房集中、基础设施落后等地段进行改建"。

（4）参与政府公共决策

城市规划作为专注于城市空间的公共政策，与其他政府公共政策有着密切的关联性，需要通过跨部门的相关政策措施才能得以实现。因此，城市规划部门需要参与制定影响城市建设和发展行为的公共政策。城市规划的实施是一项全社会的事业，城市建设的各项活动是由相对分散的各类团体、机构、组织等按照各自的准则进行决策和实施的。为了保证各项建设活动能够统一到法定规划所确定的方向、目标和具体内容上，从而保证规划的有效实现，政府就需要运用政策性的手段来动员和组织各类社会建设活动，从而保证在功能类型、时序安排与空间结构等方面的协同，比如促进、鼓励某类项目在某些地区的集中或者限制某类项目在该地区建设等。对一些生态敏感区、规划的绿化隔离带或者其他需要保护的地区制定财政转移政策，或者对历史保护街区居民按规划要求改建住房予以补贴等。政府公共政策的范围非常广泛，从产业政策到文化政策，从人口政策到交通政策等，都与城市规划的实施紧密相关，而这些政策的制定都应当能够促进和保证城市规划的有效实施。

（5）建设项目协调

除了政府部门政策层面的相互协同之外，政府投资和各政府部门所承担的各项公共设施、基础设施建设不仅可以保证城市规划所确定的相关内容得以实现，而且能够带动和影响私人部门的投资开发行为，推进地区整体的开发。比如，由政府部门投资建设的中小学、公园绿地、城市道路以及各类公共设施和市政基础设施的建设，应当根据城市规划所确定的发展方向和时序进行，从而可以引导本地区的房地产开发，并由此决定一定范围内的房地产开发的时序、建设规模等。同样，在各类城市开发建设的过程中，需要充分考虑各项设施配置时的时序性，比如居住区建设中，各类公共性设施的建设和住房的开发建设应当同步、各项公共性设施之间应当协同，否则就会出现建好了住宅但由于公共设施和市政基础设施缺乏，或者只有部分公共设施可以使用等现象，会给居民的生活带来不便，也会使地区整体的开发受到影响。

4.2.2 城市规划管理中的行政行为

（1）城市规划管理应遵循的行政法制原则

行政法制原则即行政法基本原则，它是贯穿于行政法之中，指导行政法制定和实施的基本准则。城市规划行政与立法作为国家整个行政与行政法体系的一个组成部分，也要学习、研究、贯彻行政法的基本原则。对于什么是我国行政法的基本原则，法学界还有不同看法。对城市规划行政而言，必不可少的有行政合法原则、行政合理原则、行政效率原则、行政统一原则和行政公开原则。

行政法首要和基本的原则是行政合法性原则，它是社会主义法制原则在行政管理中的体现和具体化。行政合理原则的宗旨在于解决行政机关行政行为的合理性问题，这就要求行政机关的行政行为在合法的范围之内还必须做到合理。遵循依法行政的种种要求并不意味着可以降低行政效率。行政效率原则是指在法律规定的范围内决策，按法定的程序办事，遵守操作规则，提高行政效率，有助于避免失误和不公，并可减少行政争议。行政统一原则包含行政权统一、行政法治统一和行政行为统一三项内容。

（2）城市规划行政行为的内容

行政行为是一种依法的行为，所以行政行为的内容，必然都是对权利和义务的规定，即行政行为对一定权利和义务或法律事实作出了怎样的影响。在城市规划的整个编制、实施过程中，城市规划行政行为的主要内容包含五方面：设定权利和设定义务、撤销权利和免除义务、变更法律地位、确认法律事实和赋予特定物以某种法律性质。

（3）城市规划行政行为的分类

从不同的角度可对城市规划行政行为作不同类型的划分，从而有助于深入理解行政行为的多方面含义。

1）抽象行政行为与具体行政行为

以行为运用的对象为标准，可将行政行为划分为抽象行政行为和具体行政行为。城市规划的抽象行政行为是指人民政府或其规划行政主管部门制定普遍性的行为规则的行为，表现为制定城市规划的规章、规范性文件，以及制定法定城市规划文本和图则等，它适用于不特定的人和事。城市规划的具体行政行为是指对规划管理的具体事项作出处理决定，如核发“一书两证”（即建设项目选址意见书、建设用地规划许可证和建设工程规划许可证）。

由于抽象行政行为的结果是抽象规范的产生，因此，抽象行政行为中的相当一部分是行政立法行为，应当按照行政立法程序进行。

2）羁束行政行为与自由裁量行政行为

行政行为以受法律规范拘束的程度为标准，可分为羁束行政行为与自由裁量行政行为。羁束行政行为是指法律明确规定了行政行为的范围、条件，程度、方法等，行政机关没有自由选择的余地，只能严格依照法律作出的行政行为。自由裁量行政行为是指法律仅仅规定行政行为的范围、条件、幅度和种类等，由行政机关根据实际情况决定如何適用法律而作出的行政行为。例如，规划的编制、审批程序，规划实施的管理程序，在规划法及其配套法规、规章上有明确的规定，必须据以执行。而在城市规划的具体实施中，由于法定规划的深度不够，或者规划中仅作了原则性的规定，规划实施管理中有一定的选择余地，可采用个案审定的方式来处理。这里体现的是规划行政管理的自由裁量权限。

在我国的城市规划行政管理中，目前存在着过多的自由裁量行政行为，导致开发建设活动的无序。随着城乡规划法制的健全、城市规划编制审批的完善，以及依法治国大环境的进一步改善，今后应逐步增加规划建设管理的羁束性依据，缩小自由裁量的范围和幅度。

3）要式行政行为与非要式行政行为

以行政行为是否必须具备一定的形式为标准，可以将行政行为划分为要式行政行为和非要式行政行为。要式行政行为是指必须依法定方式进行，或者必须具备法定形式才能产生法律效力的行政行为。非要式行政行为指法律不要求某种特定的方式或形式，只需口头表示即可生效的行政行为。在城市规划行政管理活动中，基本上都是要式行政行为，如对规划的批复、核发建设用地规划许可证、对违法建设工程发出停工通知书或行政处罚决定书等行政行为，都有明确、严格的法定程序和形式。

4）依职权行政行为与依申请行政行为

根据行政主体实施行为的动因不同，可将行政行为划分为依职权行政行为和依申请行政行为。城市规划管理中的依职权行政行为是指城市规划行政主体根据有关法律、法规赋予的职权，无须相对人请求而主动为之的行政行为。如组织编制城市规划、制定城市规划管理的规范性文件、对城市规划实施进行监督检查和作出处罚等，这些都是城市规划行政机关的职责，应主动为之。如应作为而不作为，即构成失职。依申请行政行为是指行政机关须有相对人的申请方能依法实施的行为，如根据建设单位或者个人的申请，提出规划设计要求、核发建设工程规划许可证。对于依申请规划行政行为，法律、法规不要求城市规划行政主体主动为之，只有当相对人依法提出申请后，规划行政主体才产生作为的义务，如果规划行政主体拒绝申请或不予答复，则可能构成失职。

5）单方行政行为与双方行政行为

以行政行为成立时参与这一意思表示的当事人是一方还是双方为标准，可将行政行为划分为单方行政行为和双方行政行为。出于国家行政管理的需要，行政行为大都是单方行政行为。城市规划管理中的行政行为绝大多数也是只要规划行政主体单方意思表示即可成立的行政行为，无须征得相对一方当事人的同意，如规划批复、核发许可证、行政处罚等。双方行政行为是指相对方当事人参与意思表示，行政主体和相对人意思表示一致时，行政行为方能成立，如行政合同。城市土地出让的做法具有双方行政行为的特征，因为土地出让合同中含有规划设计要求，签订合同是双方意思的表达，合同签订后即具有法律效力，行政行为成立。

（4）城市规划行政行为的特征

行政行为是行政主体行使国家行政权力，对国家行政事务进行管理并产生法律效果的行为。我国宪法和法律赋予了中央和地方人民政府领导和管理城乡建设的职权，城市规划是城乡建设工作的重要环节。政府及其城市规划行政主管部门根据法律、法规授权行使城市规划行政管理权限。城市规划行政行为有三个特征：是规划行政主体的行为，是规划行政主体对城市规划进行管理的行为，是产生法律效果的行为。

（5）城市规划行政行为合法的条件

只有符合一定条件的行政行为才是合法的行政行为，合法的行政行为才能产生一定的法律效力。合法的城市规划行政行为必须满足行为的主体合法、行为的权限合法、行政行为的内容合法、行政行为符合法定程序和行政行为符合法定形式。

（6）城市规划行政行为的效力

行政行为的效力即行政行为的法律效力。有效成立的城市规划行政行为具有确定力、拘束力和执行力。

4.2.3　城市规划实施管理

（1）城市规划实施的管理

城市规划进行土地使用和建设项目管理主要是对各项建设活动实行审批或许可、监督检查以及对违法建设行为进行查处等管理工作。通过对各项建设活动进行规划管理，保证各项建设能够符合城市规划的内容和要求，使各项建设对城市规划实施作出贡献，并限制和杜绝超出经法定程序批准的规划所确定的内容，保证法定规划得到全面和有效的实施。

根据《城乡规划法》的有关规定，现行的城市规划实施管理的手段主要包括建设用地的管理、建设工程管理以及建设项目的监督检查。

（2）城市规划实施的监督检查

城市规划实施监督是对城市规划的整个实施过程的监督检查，其中包括了对城市规划实施的组织、城市规划实施的管理以及经法定规划的执行情况等所实行的监督检查。在规划实施的监督检查中，主要包括以下几个方面：行政监督检查、立法机构的监督检查和社会监督。

| 小结 |

本章对城市开发规划、城市规划管理所涉及的概念、具体工作、基本的工作程序和行政法相关原则进行了介绍。城市规划实施管理，包括建设用地、建设工程项目管理和监督又构成了最为日常的规划管理工作，即对城市规划的实施与落实关系重大，又是政府行政行为的重要组成部分。因此，按照行政法的原则依法行政是城市规划管理工作的基本要求。

| 重点及难点 |

本章的重点及难点包括城市再开发的概念、城市规划管理中的行政行为内容与分类，掌握城市规划实施管理的相关内容。

| 作业 |

1.简述“土地开发”与“土地再开发”的联系与区别。

2.简述城市规划管理的主要工作内容。

附录1　城乡用地分类和代码

类别代码			类别名称	范　围
大类	中类	小类		
H			建设用地	包括城乡居民点建设用地、区域交通设施用地、区域公用设施用地、特殊用地、采矿用地等
	H1		城乡居民点建设用地	城市、镇、乡、村庄以及独立的建设用地
		H11	城市建设用地	城市和县人民政府所在地镇内的居住用地、公共管理与公共服务用地、商业服务业设施用地、工业用地、物流仓储用地、交通设施用地、公用设施用地、绿地
		H12	镇建设用地	非县人民政府所在地镇的建设用地
		H13	乡建设用地	乡人民政府驻地的建设用地
		H14	村庄建设用地	农村居民点的建设用地
		H15	独立建设用地	独立于中心城区、乡镇区、村庄以外的建设用地，包括居住、工业、物流仓储、商业服务业设施以及风景名胜区、森林公园等的管理及服务设施用地
	H2		区域交通设施用地	铁路、公路、港口、机场和管道运输等区域交通运输及其附属设施用地，不包括中心城区的铁路客货运站、公路长途客货运站以及港口客运码头
		H21	铁路用地	铁路编组站、线路等用地
		H22	公路用地	高速公路、国道、省道、县道和乡道用地及附属设施用地
		H23	港口用地	海港和河港的陆域部分，包括码头作业区、辅助生产区等用地
		H24	机场用地	民用及军民合用的机场用地，包括飞行区、航站区等用地
		H25	管道运输用地	运输煤炭、石油和天然气等地面管道运输用地
	H3		区域公用设施用地	为区域服务的公用设施用地，包括区域性能源设施、水工设施、通信设施、殡葬设施、环卫设施、排水设施等用地
	H4		特殊用地	特殊性质的用地
		H41	军事用地	专门用于军事目的的设施用地，不包括部队家属生活区和军民共用设施等用地
		H42	安保用地	监狱、拘留所、劳改场所和安全保卫设施等用地，不包括公安局用地
	H5		采矿用地	采矿、采石、采沙、盐田、砖瓦窑等地面生产用地及尾矿堆放地
E			非建设用地	水域、农林等非建设用地
	E1		水域	河流、湖泊、水库、坑塘、沟渠、滩涂、冰川及永久积雪，不包括公园绿地及单位内的水域
		E11	自然水域	河流、湖泊、滩涂、冰川及永久积雪
		E12	水库	人工拦截汇集而成的总库容不小于10万m^3的水库正常蓄水位岸线所围成的水面
		E13	坑塘沟渠	蓄水量小于10万m^3的坑塘水面和人工修建用于引、排、灌的渠道
	E2		农林用地	耕地、园地、林地、牧草地、设施农用地、田坎、农村道路等用地
	E3		其他非建设用地	空闲地、盐碱地、沼泽地、沙地、裸地、不用于畜牧业的草地等用地
		E31	空闲地	城镇、村庄、独立用地内部尚未利用的土地
		E32	其他未利用地	盐碱地、沼泽地、沙地、裸地、不用于畜牧业的草地等用地

资料来源：《城市用地分类与规划建设用地标准》（GB 50137—2011）。

附录2 城市建设用地分类和代码

类别代码			类别名称	范 围
大类	中类	小类		
R			居住用地	住宅和相应服务设施的用地
	R1		一类居住用地	公用设施、交通设施和公共服务设施齐全、布局完整、环境良好的低层住区用地
		R11	住宅用地	住宅建筑用地、住区内城市支路以下的道路、停车场及其社区附属绿地
		R12	服务设施用地	住区主要公共设施和服务设施用地，包括幼托、文化体育设施、商业金融、社区卫生服务站、公用设施等用地，不包括中小学用地
	R2		二类居住用地	公用设施、交通设施和公共服务设施较齐全、布局较完整、环境良好的多、中、高层住区用地
		R20	保障性住宅用地	住宅建筑用地、住区内城市支路以下的道路、停车场及其社区附属绿地
		R21	住宅用地	
		R22	服务设施用地	住区主要公共设施和服务设施用地，包括幼托、文化体育设施、商业金融、社区卫生服务站、公用设施等用地，不包括中小学用地
	R3		三类居住用地	公用设施、交通设施不齐全，公共服务设施较欠缺，环境较差，需要加以改造的简陋住区用地，包括危房、棚户区、临时住宅等用地
		R31	住宅用地	住宅建筑用地、住区内城市支路以下的道路、停车场及其社区附属绿地
		R32	服务设施用地	住区主要公共设施和服务设施用地，包括幼托、文化体育设施、商业金融、社区卫生服务站、公用设施等用地，不包括中小学用地
A			公共管理与公共服务用地	行政、文化、教育、体育、卫生等机构和设施的用地，不包括居住用地中的服务设施用地
	A1		行政办公用地	党政机关、社会团体、事业单位等机构及其相关设施用地
	A2		文化设施用地	图书、展览等公共文化活动设施用地
		A21	图书、展览设施用地	公共图书馆、博物馆、科技馆、纪念馆、美术馆和展览馆、会展中心等设施用地
		A22	文化活动设施用地	综合文化活动中心、文化馆、青少年宫、儿童活动中心、老年活动中心等设施用地
	A3		教育科研用地	高等院校、中等专业学校、中学、小学、科研事业单位等用地，包括为学校配建的独立地段的学生生活用地
		A31	高等院校用地	大学、学院、专科学校、研究生院、电视大学、党校、干部学校及其附属用地，包括军事院校用地
		A32	中等专业学校用地	中等专业学校、技工学校、职业学校等用地，不包括附属于普通中学内的职业高中用地
		A33	中小学用地	中学、小学用地
		A34	特殊教育用地	聋、哑、盲人学校及工读学校等用地
		A35	科研用地	科研事业单位用地
	A4		体育用地	体育场馆和体育训练基地等用地，不包括学校等机构专用的体育设施用地
		A41	体育场馆用地	室内外体育运动用地，包括体育场馆、游泳场馆、各类球场及其附属的业余体校等用地
		A42	体育训练用地	为各类体育运动专设的训练基地用地
	A5		医疗卫生用地	医疗、保健、卫生、防疫、康复和急救设施等用地
		A51	医院用地	综合医院、专科医院、社区卫生服务中心等用地
		A52	卫生防疫用地	卫生防疫站、专科防治所、检验中心和动物检疫站等用地
		A53	特殊医疗用地	对环境有特殊要求的传染病、精神病等专科医院用地
		A59	其他医疗卫生用地	急救中心、血库等用地
	A6		社会福利设施用地	为社会提供福利和慈善服务的设施及其附属设施用地，包括福利院、养老院、孤儿院等用地
	A7		文物古迹用地	具有历史、艺术、科学价值且没有其他使用功能的建筑物、构筑物、遗址、墓葬等用地
	A8		外事用地	外国驻华使馆、领事馆、国际机构及其生活设施等用地
	A9		宗教设施用地	宗教活动场所用地

续表

类别代码			类别名称	范围
大类	中类	小类		
B			商业服务业设施用地	各类商业、商务、娱乐康体等设施用地，不包括居住用地中的服务设施用地以及公共管理与公共服务用地内的事业单位用地
	B1		商业设施用地	各类商业经营活动及餐饮、旅馆等服务业用地
		B11	零售商业用地	商铺、商场、超市、服装及小商品市场等用地
		B12	农贸市场用地	以农产品批发、零售为主的市场用地
		B13	餐饮业用地	饭店、餐厅、酒吧等用地
		B14	旅馆用地	宾馆、旅馆、招待所、服务型公寓、度假村等用地
	B2		商务设施用地	金融、保险、证券、新闻出版、文艺团体等综合性办公用地
		B21	金融保险业用地	银行及分理处、信用社、信托投资公司、证券期货交易所、保险公司，以及各类公司总部及综合性商务办公楼宇等用地
		B22	艺术传媒产业用地	音乐、美术、影视、广告、网络媒体等的制作及管理设施用地
		B29	其他商务设施用地	邮政、电信、工程咨询、技术服务、会计和法律服务以及其他中介服务等的办公用地
	B3		娱乐康体用地	各类娱乐、康体等设施用地
		B31	娱乐用地	单独设置的剧院、音乐厅、电影院、歌舞厅、网吧以及绿地率小于65%的大型游乐等设施用地
		B32	康体用地	单独设置的高尔夫练习场、赛马场、溜冰场、跳伞场、摩托车场、射击场，以及水上运动的陆域部分等用地
	B4		公用设施营业网点用地	零售加油、加气、电信、邮政等公用设施营业网点用地
		B41	加油加气站用地	零售加油、加气以及液化石油气换瓶站用地
		B49	其他公用设施营业网点用地	电信、邮政、供水、燃气、供电、供热等其他公用设施营业网点用地
	B9		其他服务设施用地	业余学校、民营培训机构、私人诊所、宠物医院等其他服务设施用地
M			工业用地	工矿企业的生产车间、库房及其附属设施等用地，包括专用的铁路、码头和道路等用地，不包括露天矿用地
	M1		一类工业用地	对居住和公共环境基本无干扰、污染和安全隐患的工业用地
	M2		二类工业用地	对居住和公共环境有一定干扰、污染和安全隐患的工业用地
	M3		三类工业用地	对居住和公共环境有严重干扰、污染和安全隐患的工业用地
W			物流仓储用地	物资储备、中转、配送、批发、交易等的用地，包括大型批发市场以及货运公司车队的站场（不包括加工）等用地
	W1		一类物流仓储用地	对居住和公共环境基本无干扰、污染和安全隐患的物流仓储用地
	W2		二类物流仓储用地	对居住和公共环境有一定干扰、污染和安全隐患的物流仓储用地
	W3		三类物流仓储用地	存放易燃、易爆和剧毒等危险品的专用仓库用地
S			交通设施用地	城市道路、交通设施等用地
	S1		城市道路用地	快速路、主干路、次干路和支路用地，包括其交叉路口用地，不包括居住用地、工业用地等内部配建的道路用地
	S2		轨道交通线路用地	轨道交通地面以上部分的线路用地
	S3		综合交通枢纽用地	铁路客货运站、公路长途客货运站、港口客运码头、公交枢纽及其附属用地
	S4		交通场站用地	静态交通设施用地，不包括交通指挥中心、交通队用地
		S41	公共交通设施用地	公共汽车、出租汽车、轨道交通（地面部分）的车辆段、地面站、首末站、停车场（库）、保养场等用地，以及轮渡、缆车、索道等的地面部分及其附属设施用地
		S42	社会停车场用地	公共使用的停车场和停车库用地，不包括其他各类用地配建的停车场（库）用地
	S9		其他交通设施用地	除以上之外的交通设施用地，包括教练场等用地

续表

类别代码			类别名称	范　围
大类	中类	小类		
U			公用设施用地	供应、环境、安全等设施用地
	U1		供应设施用地	供水、供电、供燃气和供热等设施用地
		U11	供水用地	城市取水设施、水厂、加压站及其附属的构筑物用地，包括泵房和高位水池等用地
		U12	供电用地	变电站、配电所、高压塔基等用地，包括各类发电设施用地
		U13	供燃气用地	分输站、门站、储气站、加气母站、液化石油气储配站、灌瓶站和地面输气管廊等用地
		U14	供热用地	集中供热锅炉房、热力站、换热站和地面输热管廊等用地
		U15	邮政设施用地	邮政中心局、邮政支局、邮件处理中心等用地
		U16	广播电视与通信设施用地	广播电视与通信系统的发射和接收设施等用地，包括发射塔、转播台、差转台、基站等用地
	U2		环境设施用地	雨水、污水、固体废物处理和环境保护等的公用设施及其附属设施用地
		U21	排水设施用地	雨水、污水泵站、污水处理、污泥处理厂等及其附属的构筑物用地，不包括排水河渠用地
		U22	环卫设施用地	垃圾转运站、公厕、车辆清洗站、环卫车辆停放修理厂等用地
		U23	环保设施用地	垃圾处理、危险品处理、医疗垃圾处理等设施用地
	U3		安全设施用地	消防、防洪等保卫城市安全的公用设施及其附属设施用地
		U31	消防设施用地	消防站、消防通信及指挥训练中心等设施用地
		U32	防洪设施用地	防洪堤、排涝泵站、防洪枢纽、排洪沟渠等防洪设施用地
	U9		其他公用设施用地	除以上之外的公用设施用地，包括施工、养护、维修设施等用地
G			绿地	公园绿地、防护绿地等开放空间用地，不包括住区、单位内部配建的绿地
	G1		公园绿地	向公众开放，以游憩为主要功能，兼具生态、美化、防灾等作用的绿地
	G2		防护绿地	城市中具有卫生、隔离和安全防护功能的绿地，包括卫生隔离带、道路防护绿地、城市高压走廊绿带等
	G3		广场用地	以硬质铺装为主的城市公共活动场地

资料来源：《城市用地分类与规划建设用地标准》（GB 50137—2011）。

附录3　社区公共服务设施配置标准

类 别	设 施	配置标准
行政事务类	社区（街道）办事处	1 000～1 600 m^2／5万人
	社区综合服务中心（助劳、助残、社会保障等）	600～800 m^2／5万人
	社区行政事务受理中心	1 000～1 500 m^2／5万人
	社区行政投诉受理中心	400～600 m^2／5万人
	社区警务中心	2 000 m^2／5万人
	社区行政综合执法协调中心（劳动监察、食品监督、文化稽查等）	500～800 m^2／5万人
	社区党工委	1 000 m^2／5万人
公共福利类	福利院	3 000 m^2／5万人
	托老所	1 500 m^2 ／5万人
公共设施类	公共绿地（公园绿地、开敞绿地）	25 000 m^2（或10 000 m^{2}开敞公共绿地3个）／5万人
	社会停车场	中心城区新建居住建筑基地，汽车停车率按不少于0.6辆／户配置；中心城建成区汽车停车率按不少于0.2～0.4辆／户配置；郊区汽车停车率高于中心城新建居住建筑基地20%配置
	公共活动场（体操、健身、集体舞）	6 000～8 000 m^2(或不少于3 000 m^{2}运动场3个)／5万人
	室外体育运动场（篮球、排球、网球、羽毛球等）	5 500 m^2（或不少于2 000 m^{2}活动场3个）／5万人
公共卫生类	社区公共卫生服务中心	3 500～5 000 m^2／5万人
	药店（中药、西药）	500 m^2（或300 m^{2}两个，或150 m^{2}4个）／5万人
文化体育类	文化体育类室内社区文化活动中心（图书馆、文化馆、科技馆、小型剧场、放映室及青少年活动中心）	4 500～7 000 m^2／5万人
	室内综合健身馆（综合设置健身活动）	1 800 m^2（或不少于1 000 m^{2}2个）／5万人
教育幼托	高级中学	每3～5万人设1处（每处12 000～20 000 m^2）／5万人
	初级中学	每1～2万人设1处（每处7 000～12 000 m^2）／5万人
	小学	每1～2万人设置1处（每处6 000～10 000 m^2）／5万人
	幼儿园、托儿所	每1～2万人设置一处（每处1 000～1 500 m^{2}或600～800 m^{2}设两处）／5万人
	社区学校	结合社区文化活动中心配置／5万人
商业设施类	餐饮店	1 000 m^2（或600 m^{2}分设两处，或400 m^{2}3处）／5万人
	菜市场	4 000 m^2（或2 500 m^{2}以上分设2处）／5万人
居委会设施类	社区居委会	100～200 m^2／千人
	社区居委会医疗卫生点（站）	50 m^2／千人
	居委会老年活动室（党员活动中心）	200～300 m^2／千人

参考文献

[1] 吴志强，李德华. 城市规划原理[M]. 北京：中国建筑工业出版社，2010.
[2] 董鉴泓. 中国城市建设史[M]. 北京:中国建筑工业出版社，2004.
[3] 沈玉麟. 外国城市建设史[M]. 北京:中国建筑工业出版社，1989.
[4] 张京详. 西方城市规划思想史纲[M]. 南京:东南大学出版社，2005.
[5] 邹德慈. 城市规划导论[M]. 北京：中国建筑出版社，2002.
[6] 陈友华，赵民. 城市规划概论[M]. 上海：上海科学技术文献出版社，2000.
[7] 黄勇. 三峡库区人居环境建设的社会学问题研究[M]. 南京：东南大学出版社，2010.
[8] 崔功豪，魏清泉，刘科伟. 区域分析与区域规划[M]. 北京：高等教育出版社，2006.
[9] 夏南凯. 控制性详细规划[M]. 北京：中国建筑工业出版社，2011.
[10] 王建国. 城市设计[M]. 北京：中国建筑工业出版社，2009.
[11] 徐循初，汤宇卿. 城市道路与交通规划（上册）[M]. 北京:中国建筑工业出版社，2005.
[12] 徐循初，汤宇卿. 城市道路与交通规划（下册）[M]. 北京:中国建筑工业出版社，2005.
[13] 戴慎志. 城市工程系统规划[M]. 北京:中国建筑工业出版社，2008.
[14] 沈清基. 城市生态环境：原理、方法与优化[M]. 北京：中国建筑工业出版社，2011.
[15] 黄光宇，陈勇. 生态城市理论与规划设计方法[M]. 北京：科学出版社，2002.
[16] 李铮生. 城市园林绿地规划与设计[M]. 北京：中国建筑工业出版社，2006.
[17] 刘俊，蒲蔚然. 城市绿地系统规划与设计[M]. 北京：中国建筑工业出版社，2004.
[18] 周俭. 城市住宅区规划原理[M]. 上海：同济大学出版社，1999.
[19] 邓述平，等. 居住区规划设计资料集[M]. 北京：中国建筑工业出版社，1996.
[20] 白德懋. 居住区规划与环境设计[M]. 北京：中国建筑工业出版社，1993.
[21] 罗杰 · 特兰西克. 寻找失落空间——城市设计的理论[M]. 朱子瑜，等，译. 北京:中国建筑工业出版社，2008.
[22] 刘易斯 · 芒福德. 城市发展史——起源、演变和前景[M]. 宋俊岭，倪文彦，译. 北京:中国建筑工业出版社，2004.
[23] G.阿尔伯斯，城市规划理论与实践概论[M]. 吴唯佳，译. 北京：科学出版社，2000.
[24] 克莱拉 · 葛利德. 规划引介[M]. 张尚武，王雅娟，译. 北京：中国建筑工业出版社，2007.
[25] 凯文 · 林奇. 城市意象[M]. 方益萍，等，译. 北京：华夏出版社，2001.